Sous-directeur du laboratoire de paléoanthropologie et préhistoire au Collège de France, Herbert Thomas a dirigé de nombreuses missions d'exploration et de fouilles paléontologiques en Afrique et en Asie qui lui ont valu d'être lauréat de la Fondation de la Vocation et de recevoir le prix Tchihatchef de l'Académie des Sciences. Membre du Club des Explorateurs, il est l'auteur de plus d'une centaine de publications scientifiques et d'ouvrages de vulgarisation.

Il participe, en 1974, à la mission franco-américaine dans l'Afar, en Ethiopie, qui a permis la découverte de «Lucy». Depuis 1987, il dirige l'expédition paléontologique franco-omanaise, au cours de laquelle ont été découverts les plus anciens primates anthropoïdes. Entre autres grands projets, il doit mener une expédition au Viêt-nam, sous l'égide de la Fondation Ushuaïa, à la recherche d'un nouveau grand mammifère vivant, le saola, découvert récemment.

Pour Alexandre

Dépôt légal : septembre 1994
Numéro d'édition : 57057
ISBN : 2-07-053216-X
Imprimé en Italie

L'HOMME AVANT L'HOMME
LE SCÉNARIO DES ORIGINES

Herbert Thomas

DÉCOUVERTES GALLIMARD
SCIENCES

Selon les astrophysiciens, le Soleil aura brûlé son hydrogène dans six milliards d'années. Dès lors, il se dilatera et se transformera en une étoile rouge géante qui engloutira la Terre. S'il a vécu jusque-là, l'homme disparaîtra alors, à moins qu'il n'ait conquis depuis longtemps une autre planète de notre galaxie. Face à ces quelques milliards d'années, l'histoire de l'humanité vient tout juste de commencer.

CHAPITRE PREMIER

L'HOMME ANTÉDILUVIEN

Selon la Bible, Dieu tira le monde du chaos primitif et créa en six jours le ciel, les terres et les eaux, les poissons, les oiseaux, tous les animaux et finalement le premier couple humain, Adam et Eve. Il faudra quelque deux à trois millions d'années pour qu'après le «sixième jour» l'homme puisse, de l'espace, contempler la terre.

«Le sixième jour, Dieu créa l'homme»

Avec l'émergence de la pensée monothéiste, qu'elle soit de tradition hébraïque ou chrétienne, l'interprétation du récit biblique de la Genèse tiendra longtemps lieu d'explication globale. L'homme, tout comme les autres espèces animales, est alors le produit de l'impulsion exclusive du Créateur. Il faudra attendre le XIXe siècle pour que s'esquisse une autre lecture tirée de l'observation de la nature, à la suite de plusieurs «révolutions» dans les sciences de la vie et de la terre, où l'homme n'est plus l'aboutissement d'une création unique et uniforme mais bien le produit d'une histoire.

L'homme et les grands singes actuels ont un ancêtre commun : voilà l'idée choc d'il y a plus d'un siècle. Idée décisive s'il en fut, portant en germe celle que la science moderne du vivant va s'attacher dès lors à démontrer : la nature de l'homme est profondément

Au cours des XVIe et XVIIe siècles en Europe, l'archéologie préhistorique est encore dans les limbes, en dépit de la fascination qu'exercent auprès des érudits et des «antiquaires» les monuments mégalithiques tel celui de Stonehenge.

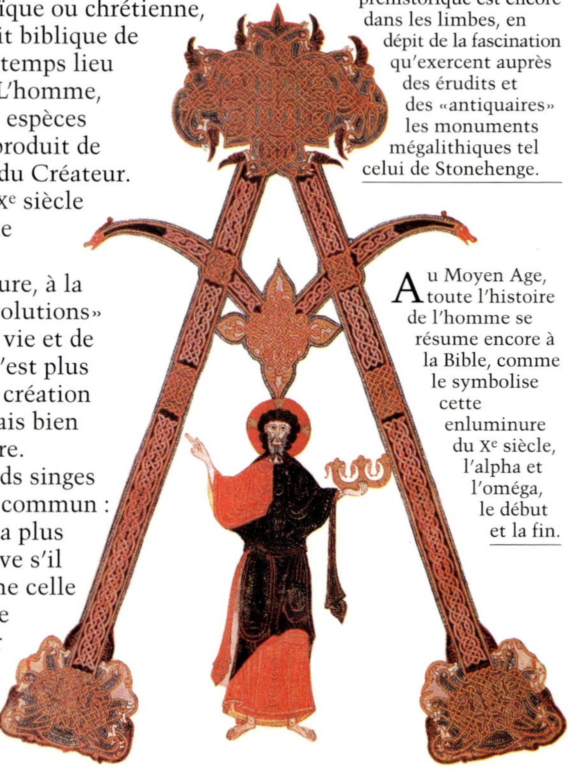

Au Moyen Age, toute l'histoire de l'homme se résume encore à la Bible, comme le symbolise cette enluminure du Xe siècle, l'alpha et l'oméga, le début et la fin.

semblable à celle de nos cousins puisque héritée d'un même ancêtre. De nos jours, on sait que 99 % du matériel génétique est commun à l'homme et au chimpanzé. C'est grâce à ce 1 % qui nous sépare de ce chimpanzé, notre plus proche parent, que nous pouvons reconstituer ce gigantesque puzzle qu'est l'histoire de nos origines.

Et l'homme rencontra le singe...

Vers 460 av. J.-C., l'amiral carthaginois Hannon, à la tête de soixante galères à cinquante rameurs, longe les côtes ouest de l'Afrique, afin d'explorer ce continent au-delà des colonnes d'Hercule, l'actuel détroit de Gibraltar. Pénétrant à l'intérieur des terres, ces soldats aperçoivent d'étranges êtres poilus à tête humaine. Trois de ces créatures, qu'ils appellent des gorilles – sans doute des chimpanzés –, sont capturées et leurs dépouilles sont ramenées à Carthage ; à l'époque de la conquête romaine, en 146 av. J.-C., on peut encore les y admirer, comme le raconte Pline, dans le temple de la déesse Astarté.

Quoi qu'il en soit de l'authenticité de ce récit, trois siècles plus tard, Galien, médecin et anatomiste, autopsie pour la première fois des singes – des magots et des babouins – qu'il considère comme des «copies comiques» de l'homme. Ainsi, à peine connues de l'homme, ces créatures velues munies d'une queue – à l'exception des «gorilles» d'Hannon – exercent déjà une troublante fascination.

Cette gravure, tirée de la Bible du chanoine Scheuchzer de 1732, évoque d'une manière allégorique la vision alors traditionnelle du paradis terrestre et de la Création de l'homme, exprimant à la lettre le texte sacré de la Genèse.

En dépit de cet «air de famille», le problème naturellement n'est pas de savoir si l'homme descend du singe mais si les singes sont une variété de l'homme. Cette idée s'est perpétuée jusque dans la deuxième moitié du XVIIIe siècle, où Rousseau lui consacre encore d'amples commentaires ; bien qu'il la nie, il se réserve sur le cas de l'orang-outan, découvert à peine un siècle plus tôt, car écrit-il, «peut-être après des recherches plus exactes trouvera-t-on que ce sont des hommes». Quelques années après, en 1766, le célèbre naturaliste français Buffon mettra un terme définitif à ces «rêveries de philosophe» en opposant l'anatomie du plus humain des singes – l'orang-outan – à celle du plus simiesque des hommes représentée selon lui par les Hottentots !

Nul n'est prophète en son pays

Au cours des siècles qui précèdent la découverte des premiers hommes fossiles, au début du XIXe siècle, le développement des idées sur l'origine de l'homme suit un cours chaotique sans aucune trame logique. A cet égard, l'œuvre conjuguée des libres penseurs, philosophes, naturalistes, érudits et «antiquaires» contient nombre d'idées novatrices, nécessairement contraires à la tradition biblique mais ayant toujours un caractère très spéculatif.

Si en 1593 l'archevêque James Usher soutient que le monde a été créé en 4004 av. J.-C., d'après des calculs fondés

Bontius, médecin hollandais ayant vécu à Java, est le premier, en 1658, à dresser le portrait de l'orang-outan : «Les Javanais leur donnent le nom d'Orang Outang [*sic*], ce qui signifie "Homme des bois" et prétendent qu'ils naissent de la lubricité des femmes indiennes qui copulent avec des singes sans queue.»

Saint Jérôme pointant un doigt sur un crâne humain médite peut-être sur la nature humaine ou sa destinée. Cette vision traduit sans doute davantage les interrogations des penseurs de la Renaissance que les préoccupations du saint du IVe siècle connu surtout pour ses traductions de la Bible et ses traités d'exégèse.

Avant Buffon, les grands singes anthropoïdes sont considérés par certains comme des enfants dégénérés d'Adam à l'instar des «sauvages» hottentots du sud de l'Afrique. Cette Vénus hottentote à la stéatopygie très marquée fut exhibée à Paris en 1829 !

sur la chronologie biblique, des hommes tels que Léonard de Vinci, Cyrano de Bergerac, Leibniz et plus tard Buffon évoquent déjà la possibilité de durées immenses – des centaines de milliers d'années, voire des millions d'années – sans que l'on soit capable de le prouver. De leur côté, alors que Vanini, médecin italien, suggère en 1616 une origine de l'homme à partir du singe, idée pour laquelle il est brûlé vif trois ans plus tard à Toulouse, La Mettrie s'évertue à montrer qu'entre l'homme et les «échelons inférieurs» – plantes incluses – n'existent que des différences de degrés.

En réalité, l'idée fondamentale que l'homme puisse descendre d'un singe ne prend réellement corps qu'à partir du moment – à l'époque de Darwin – où le débat se situe en terme de transformisme, c'est-à-dire de descendance, où chaque organisme vivant passe progressivement d'une espèce vers une autre.

«Homo diluvii testis»

Dans le même temps où naissent ces idées, de nombreux ossements fossiles, que l'on appelle alors des «pétrifications», sont exhumés à maintes reprises en divers lieux de l'Europe. Au début du siècle des Lumières se produit ainsi une découverte retentissante due au chanoine Scheuchzer, médecin à Zurich et par ailleurs zélé propagandiste de l'imagerie populaire du déluge biblique : l'empreinte d'un «squelette humain» sur une plaque de schiste extraite d'une carrière à Oeningen, près du lac de Constance.

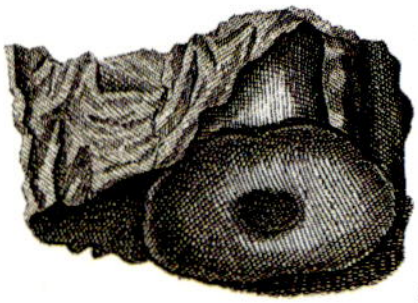

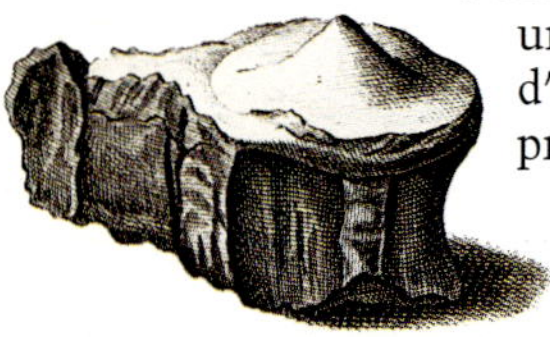

Décrit comme l'une des «reliques les plus rares de cette race maudite qui dut être ensevelie sous les eaux», il figure sous le nom d'*Homo diluvii testis* («Homme témoin du déluge») dans un ouvrage bien curieux de Scheuchzer sur les poissons fossiles, paru à Zurich en 1708.

Le chanoine persiste dans son opinion en renouvelant son exploit avec la découverte, quelques années plus tard, de vertèbres fossiles de couleur noire et d'un aspect brillant, qu'il a recueillies au pied d'un gibet dans les environs d'Altdorf. Bien que certains naturalistes plus avisés aient émis quelques doutes quant au bien-fondé des déterminations de Scheuchzer, il faut attendre près d'un siècle pour que soit enfin reconnue la véritable nature de ces fossiles. En 1811, l'illustre naturaliste français Georges Cuvier, père de la paléontologie des vertébrés, de passage à Haarlem où le fameux squelette d'Oeningen est conservé, dégage devant témoins certains os encore masqués par la pierre, du prétendu «Homme du déluge». Ce jour-là, Cuvier démontre magistralement qu'il s'agit en fait d'une salamandre géante.

Dans son ouvrage consacré en 1708 aux poissons fossiles où est annoncée la découverte d'un prétendu squelette humain, l'«Homme témoin du déluge» (représenté en page de droite), Scheuchzer figure d'autres restes humains, comme ces deux vertèbres (à gauche) récoltées au pied d'un gibet dans les environs d'Altdorf, près de Nuremberg.

On a peine à croire que Scheuchzer ait pu confondre, quoique médecin, le squelette d'une salamandre géante avec un squelette humain ! Quant aux vertèbres, Cuvier, qui en avait vu de semblables dans le cabinet d'histoire naturelle du grand-duc de Toscane, les attribue fort justement à un reptile marin, l'ichtyosaure, dont les savants anglais viennent juste de découvrir l'existence.

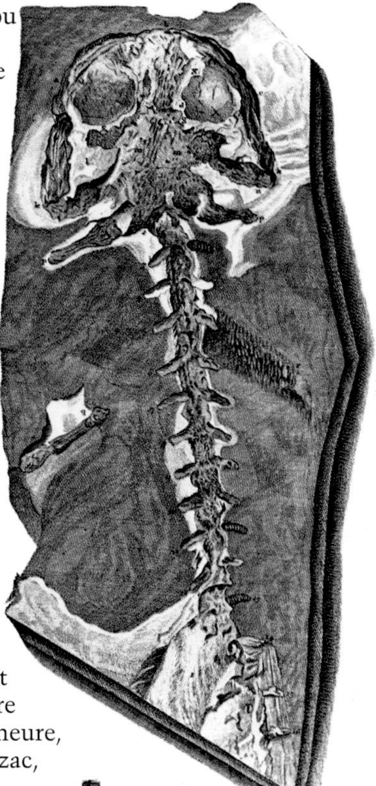

Cuvier : «Il n'y a point d'os humains fossiles»

En cette toute première moitié du XIXe siècle, le prestige de Cuvier est considérable. La révélation des animaux étranges ayant peuplé jadis le sol même de Paris, que Cuvier avait reconstitués d'après les ossements fossiles exhumés des carrières de gypse de Montmartre, a fait de celui-ci, aux yeux du public parisien et de ses contemporains, une sorte de démiurge. Deux années avant que l'illustre savant meure, Balzac,

La colline de Montmartre est à l'époque de Cuvier un grand centre d'extraction du gypse, roche qui sert à fabriquer le plâtre. Le gypse de la butte, déposé à la fin de l'éocène, il y a plus de quarante millions d'années, contient de nombreux ossements fossiles que les ouvriers récoltent et que Cuvier récupère.

Cuvier, dès 1796, étudie les nombreux restes de vertébrés fossiles déjà connus à cette époque. Se fondant sur l'une des principales lois de l'anatomie comparée qu'il avait découvertes – le principe de la corrélation des formes –, Cuvier, dans ses célèbres monographies *Recherches sur les ossements fossiles*, s'attache à reconstituer l'ensemble du squelette de l'animal en s'appuyant sur des indices quelquefois fragmentaires.

Au début du XIXe siècle, on ne connaît pas encore de primates fossiles. C'est à Cuvier que l'on doit, en 1822, la description du premier d'entre eux d'après des mâchoires découvertes dans les plâtrières de Montmartre, qui n'appartenaient pas à un singe mais à une forme proche des lémuriens actuels.

dans un bel élan lyrique, le déclare le plus grand poète de son siècle! Il est vrai que ce siècle n'a alors que trente ans…

Malgré toute sa clairvoyance scientifique, Cuvier demeure attaché à la tradition biblique du Déluge et pèse par là même de toute son autorité sur l'épineuse question de l'homme fossile dont il nie l'existence – «du moins dans nos contrées», ajoute-t-il toutefois! Il est vrai que Cuvier, à cette époque, s'appuie sur des arguments a priori légitimes. Il se fonde d'abord sur le fait qu'il n'a pas trouvé d'ossements d'humains ni d'ailleurs

de singes parmi les squelettes d'animaux disparus recueillis dans les plâtrières de la butte de Montmartre. Il ignore naturellement que les dépôts de gypse de la butte qui ont emprisonné tous ces animaux datent de plus de quarante millions d'années. Ces animaux ont donc vécu bien avant l'apparition de l'homme et même celle des singes. En second lieu, presque tous les prétendus squelettes humains que l'on propose à la sagacité de Cuvier, que d'aucuns considèrent comme des hommes antédiluviens, appartiennent en réalité à des éléphants, des tortues, des salamandres, des cétacés ou des reptiles marins !

L'idée audacieuse de Linné : classer l'homme au voisinage des grands singes

Parallèlement, des recherches se poursuivent sur la classification animale. Dès 1735, le Suédois Linné a publié son *Système de la Nature*. Dans ce système toujours en vigueur, chaque forme vivante est désignée par deux noms transcrits en latin. *Homo sapiens*, qui veut dire «Homme sage», désigne ainsi l'espèce humaine, *Homo* étant le nom du genre et *sapiens* le nom de l'espèce. Tous les hommes font partie de la même espèce car ils

Linné, dès 1753, propose une nomenclature binaire pour classifier les êtres vivants qui, selon lui, rend compte du plan de la Création divine. Dans ses *Fundamenta fructificationis* de 1762, il admet cependant qu'il peut y avoir une souche commune pour toutes les espèces d'un même genre sinon d'un même ordre. Ainsi, l'œuvre de Dieu s'arrêterait aux genres ou aux ordres, leur diversification étant liée ultérieurement à des croisements ou des hybridations.

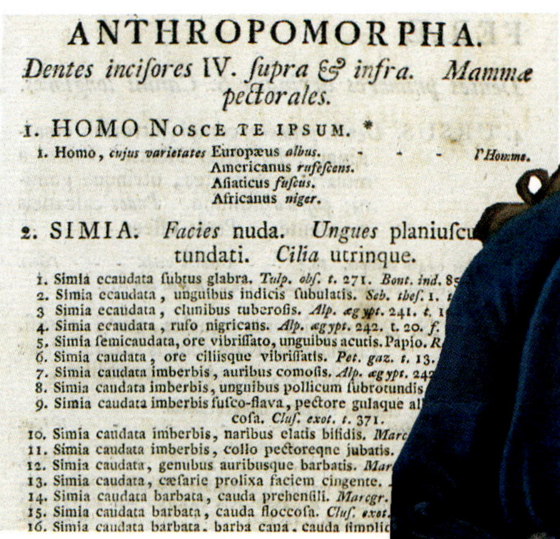

ANTHROPOMORPHA.

Dentes inciſores IV. ſupra & infra. Mammæ pectorales.

1. HOMO Nosce te ipsum. *

1. Homo, *cujus varietates* Europæus *albus*. - - - *l'Homme.*
Americanus *rufeſcens.*
Aſiaticus *fuſcus.*
Africanus *niger.*

2. SIMIA. *Facies* nuda. *Ungues* planiuſcu
tundati. *Cilia* utrinque.

1. Simia ecaudata ſubtus glabra. *Tulp. obſ. t.* 271. *Bont. ind.* 8
2. Simia ecaudata, unguibus indicis ſubulatis. *Seb. theſ.* 1.
3 Simia ecaudata, clunibus tuberoſis. *Alp. ægypt.* 241. *t.* 1
4. Simia ecaudata, ruſo nigricans. *Alp. ægypt.* 242. t. 20. *f.*
5. Simia ſemicaudata, ore vibriſſato, unguibus acutis. Papio. *R*
6. Simia caudata, ore ciliisque vibriſſatis. *Pet. gaz. t.* 13.
7. Simia caudata imberbis, auribus comoſis. *Alp. ægypt.* 24
8. Simia caudata imberbis, unguibus pollicum ſubrotundis
9. Simia caudata imberbis fuſco-flava, pectore gulaque al
coſa. *Cluſ. exot. t.* 371.
10. Simia caudata imberbis, naribus elatis bifidis. *Marc*
11. Simia caudata imberbis, collo pectoreqne jubatis.
12. Simia caudata, genubus auribusque barbatis. *Mar*
13. Simia caudata, cæſarie prolixa faciem cingente.
14. Simia caudata barbata, cauda prehenſili. *Marcgr.*
15. Simia caudata barbata, cauda floccoſa. *Cluſ. exot.*
16. Simia caudata barbata, barba cana, cauda ſimplic

répondent au critère de reproduction ou d'interfécondité qui définit toute espèce animale vivante, seule représentation objective dans la nature. Ce critère évidemment ne peut être appliqué aux espèces fossiles ; il sera dès lors nécessaire d'employer d'autres critères quand il s'agira d'identifier les espèces humaines fossiles ayant précédé *Homo sapiens*. Enfin, appartiendront au même genre l'ensemble des espèces voisines partageant un ou plusieurs caractères dérivés. Le chien, le loup, le renard et le chacal appartiennent ainsi à un même genre : le genre *Canis*. Cette catégorie du vivant, bien entendu, n'a pas d'existence propre dans la nature puisque son contenu est défini par un observateur, en l'occurrence le paléontologue. Pour ce dernier, le genre doit rendre compte de l'ascendance commune de toutes les espèces qu'il contient.

L'une des idées audacieuses de Linné est de classer l'homme au voisinage de quelques grands singes dont le gibbon, non pas qu'il veuille par là exprimer les liens de parenté. En réalité, il cherche à rendre compte du plan du Créateur divin. Le savant suédois appelle donc ce groupe les primates, parce qu'à ses yeux ils occupent le premier rang dans la hiérarchie de la nature ; les autres mammifères obtiennent le second rang et les reptiles sont relégués en troisième position : d'où les noms de primates, secundates et tertiates. Seul subsiste dans la classification actuelle le premier nom, les primates, qui regroupent les tarsiers, les galagos, les lémuriens, tous les singes

Dans la dixième édition de son *Système de la Nature* parue en 1758, Charles Linné crée l'ordre des primates ainsi que le genre *Homo* qui, selon lui, comprend deux espèces : l'«Homme de jour» et l'«Homme de nuit». Ce dernier regroupe lui-même l'«Homme nocturne», l'«Homme des bois» et l'orang-outan, distinctions qui traduisent l'incertitude et l'imprécision des limites entre le singe et l'homme. Linné avouera lui-même qu'il «n'[avait] pu jusqu'à présent tirer des principes de [sa] science aucun caractère grâce auquel il serait possible de distinguer l'homme du singe».

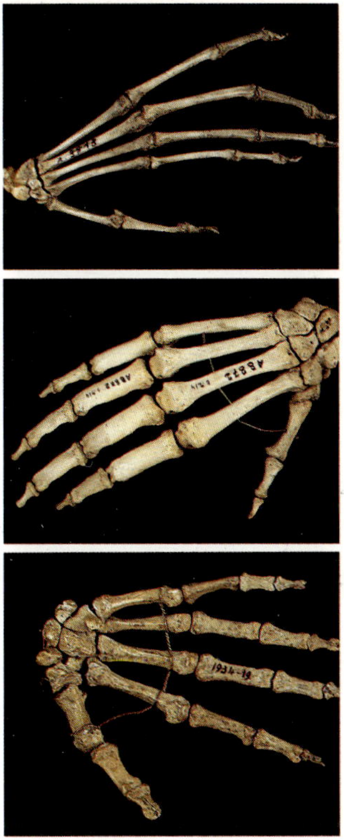

actuels et fossiles ainsi que l'homme.

La classification, histoire des parentés entre les êtres vivants

Bien comprendre quelques principes essentiels du langage moderne de la classification permet de situer l'homme à l'intérieur de ce règne et par là même de se pencher sur ses origines.

Se fondant sur les ressemblances organiques, la classification cherche à rendre compte des parentés entre les innombrables formes vivantes dont l'enchaînement historique n'admet qu'une seule solution. Mais ces ressemblances n'ont pas toutes la même signification. Certaines ne traduisent aucune parenté réelle. Ainsi les ailes d'un papillon, d'une hirondelle et d'une chauve-souris sont-elles des organes apparus indépendamment chez les insectes, les oiseaux et les mammifères pour l'adaptation au vol. D'autres sont dues à des caractères demeurés inchangés depuis leur état initial. Ces caractères dits primitifs ne témoignent que d'une parenté très lointaine, comme c'est le cas de nos cinq doigts de la main et du pied, état initial remontant à l'origine des vertébrés tétrapodes. D'autres caractères dits évolués ou dérivés, car éloignés de leur état initial, distinguent par exemple les primates des autres mammifères : l'accroissement du cerveau entraînant la réduction du museau,

Depuis Aristote, on sait les ressemblances entre pieds et mains chez les primates non humains, dès lors tour à tour qualifiés de quadrupèdes ou de quadrumanes. Si, chez les primates non humains, la main a une double fonction à la fois locomotrice et préhensile, chez l'homme, en revanche, seule subsiste cette dernière fonction d'autant plus performante que le pouce peut pivoter de 54° et s'opposer ainsi à tous les autres doigts. Chez l'indri (haut), un grand lémurien de Madagascar, le pouce est déjà séparé des autres doigts ; chez le gorille (milieu), plus près de nous, le premier carpe du pouce peut déjà effectuer un mouvement rotatif dont l'amplitude atteindra son maximum chez l'homme (bas).

l'acquisition de la vision en relief, la possibilité d'opposer le pouce aux autres doigts et le remplacement des griffes par des ongles plats. En nous élevant dans la hiérarchie des caractères dérivés chez les primates, nous rencontrerons fatalement des caractères exclusifs à l'homme, tels son mode de locomotion – la bipédie – ou le développement de certaines aires du cerveau comme le centre de Broca qui, joint à la modification du volume du pharynx et de la position du larynx, lui a permis d'acquérir le langage articulé et de codifier sa pensée.

On comprend dès lors l'importance des caractères dérivés qui mettent en évidence les relations de parenté, les autres caractères n'exprimant au mieux qu'une parenté lointaine, au pire une vague similitude.

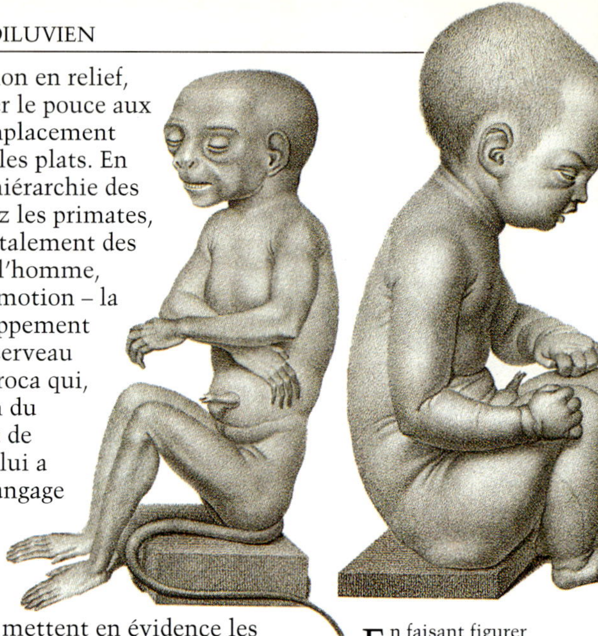

En faisant figurer côte à côte le fœtus d'une guenon et celui d'un homme, Jacob, en 1812, veut montrer que le singe n'a que le masque de l'espèce humaine «parce qu'à l'exception de l'âme, il ne lui manque rien de tout ce que nous avons».

La «Dame rouge», premier spécimen d'un homme de Cro-Magnon

William Buckland (à gauche), professeur de géologie à Oxford, ne croit pas à la contemporanéité de l'homme et des grands animaux disparus en dépit de ses innombrables trouvailles, en particulier le squelette de la «Dame rouge» de Paviland qu'il considère comme une inhumation d'époque romaine.

Jusqu'en 1820, les rares découvertes d'authentiques vestiges humains – comme celle d'une sépulture dans la caverne de Gaylenreuth dans le sud de l'Allemagne ou celle d'une hache de silex taillée associée à des restes d'animaux disparus dans une carrière de Suffolk, due à l'Anglais John Frere – sont sans lendemain, soit qu'elles passent inaperçues soit qu'elles ne sont guère comprises.

A partir de 1820 cependant, les fouilles dans les grottes se multiplient rapidement. En 1822, le révérend William Buckland exhume de la grotte de Paviland, dans le pays de Galles, un squelette recouvert d'ocre, la «Dame rouge», dont la nature ne sera connue que bien des années plus tard : il s'agit en fait du premier spécimen d'un homme de Cro-Magnon. Cette découverte est bientôt suivie par celle d'autres ossements humains mêlés à des restes d'animaux disparus dans plusieurs grottes du midi de la France dont les fouilles sont l'œuvre notamment d'un jeune pharmacien de Narbonne, nommé Tournal. Trois ans plus tard, le naturaliste belge Schmerling met au jour dans la grotte d'Engis, près de Liège, les premiers restes de néandertaliens : un crâne d'enfant.

En dépit de l'antiquité réelle de tous ces vestiges humains, aucun d'eux malheureusement ne présente de traits anatomiques particuliers qui permettraient de les distinguer d'emblée de l'homme actuel et par conséquent d'en mesurer l'immense portée. Malgré les interprétations désormais de plus en plus convergentes dans les domaines de l'archéologie et de la géologie et bien que la contemporanéité des hommes fossiles avec des animaux disparus semble évidente, rares sont ceux qui en tirent les conclusions s'imposant quant à l'époque d'apparition de l'homme. Il est vrai que Cuvier, dont l'influence marque encore les esprits, a associé la date d'apparition de l'homme à celle du singe. Or aucun singe fossile n'a été trouvé. Leur découverte, qui n'allait pas tarder, contribuera de manière indirecte à la thèse de l'homme fossile.

«Pliopithecus antiquus»

Parmi les nombreux auditeurs qui fréquentent vers 1820 les cours publics au quartier Latin,

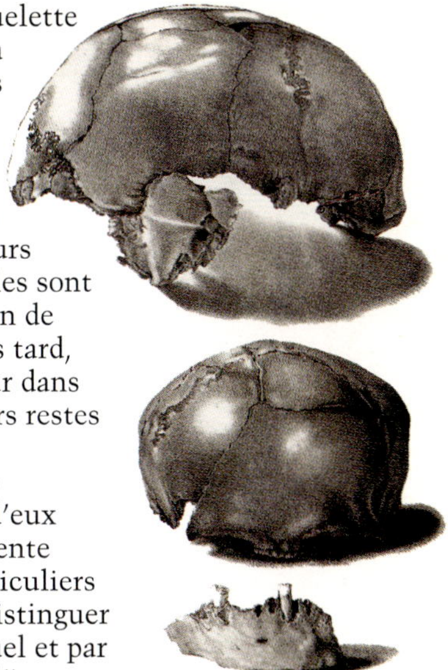

En 1833, le docteur Schmerling, de Liège, fait paraître un important ouvrage intitulé *Recherches sur les ossements fossiles découverts dans les cavernes de la province de Liège* dans lequel figurent pêle-mêle des ossements d'animaux disparus et des restes humains, notamment ce crâne d'enfant dont la grande ancienneté et la nature néandertalienne ne seront reconnues qu'en 1936.

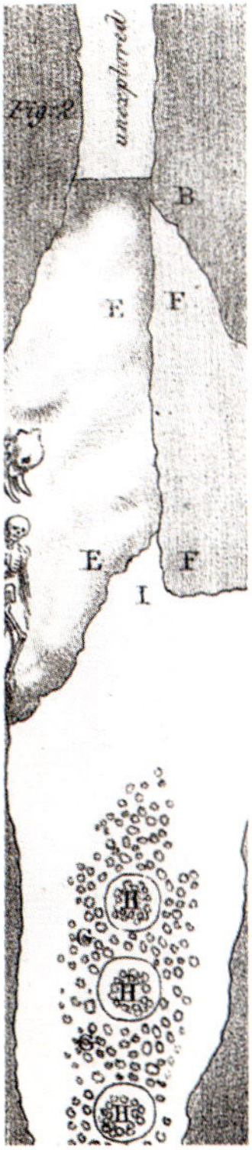

A gauche, gravure extraite de l'ouvrage de Buckland, *Reliquiae Diluvianae*, paru en 1924 et relatant les fouilles en Angleterre.

en particulier ceux de Cuvier au Jardin des Plantes, figure un jeune Gascon du nom d'Edouard Lartet. Bien que son père l'ait envoyé à Paris pour y étudier le droit afin d'embrasser une carrière d'avocat, il va, en fait, devenir l'un des principaux fondateurs de la paléontologie humaine. Ses études achevées, il retourne dans sa Gascogne natale pour s'installer dans la demeure familiale, le château d'Ornezan. Or des fenêtres de cet antique manoir, on aperçoit au loin le coteau de Sansan qui, par un de ces hasards dont le siècle sera prodigue, va se révéler comme l'un des hauts lieux de la paléontologie française.

En 1834, un berger apporte à Lartet une grosse dent recueillie au bas des pentes de la colline de Sansan où l'on ramasse, lui dit-on, des ossements à la pelle! Ayant reconnu qu'il s'agissait d'une dent d'une espèce animale éteinte – celle d'un mastodonte –, il y entreprend d'importantes fouilles, armé de pelles et de pioches, mettant au jour d'innombrables restes de mammifères fossiles; parmi eux, une mâchoire inférieure attire tout particulièrement son attention : c'est celle du premier singe anthropoïde fossile. Sa découverte est annoncée en 1837. *Pliopithecus antiquus*, comme on le nommera plus tard, ressemble étrangement aux gibbons actuels du Sud-Est asiatique.

Ducrotay de Blainville, alors professeur d'anatomie comparée au Muséum d'histoire naturelle, rapproche le premier singe fossile (ci-dessous, mâchoire) découvert par Lartet du gibbon actuel.

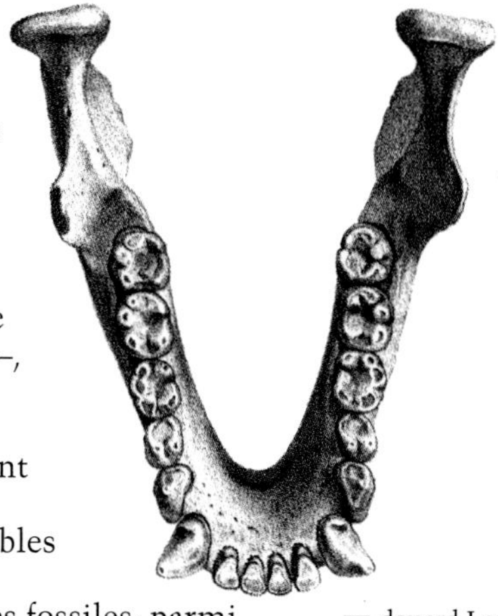

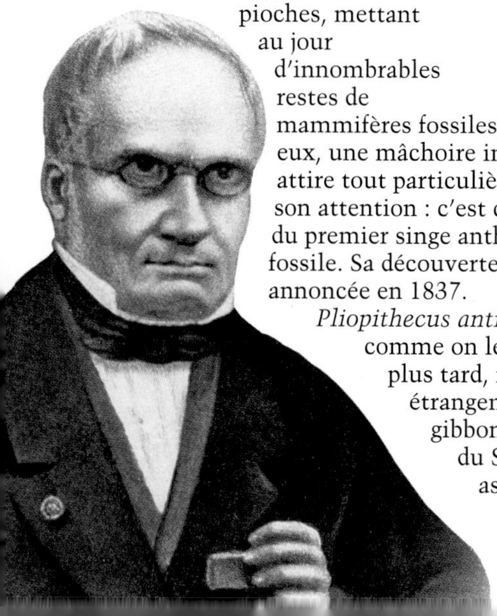

Edouard Lartet est le premier à proposer une classification des temps paléolithiques d'après les faunes de mammifères disparus, tout en prenant en compte les caractères typologiques des outils en pierre qui les accompagnent. De nombreux sites découverts ou signalés par lui ont donné leur nom à diverses civilisations du paléolithique moyen et supérieur.

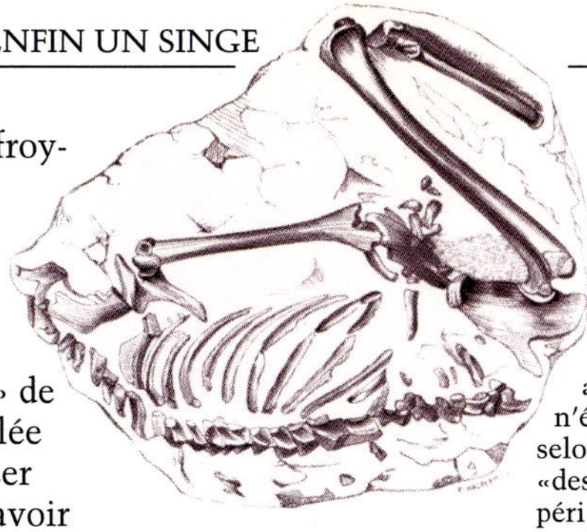

Plusieurs squelettes trouvés à la Guadeloupe dès 1803 (gravure ci-contre) près du port du Moule, que l'on prit pour des hommes antédiluviens, n'étaient en réalité, selon Cuvier, que «des cadavres ayant péri dans quelques naufrages».

L'éminent naturaliste français Etienne Geoffroy-Saint-Hilaire, averti par Lartet, ne s'y trompe pas et fait ressortir aussitôt la «haute portée en philosophie naturelle» de cette découverte appelée selon lui à «commencer une ère nouvelle du savoir humanitaire». En effet, pour Lartet, comme pour Geoffroy-Saint-Hilaire, puisque le singe fossile existe, pourquoi l'homme fossile n'existerait-il pas?

Quelque vingt années plus tard, en 1856, Lartet peut, par une chance extraordinaire, renouveler son exploit et décrire une nouvelle mâchoire inférieure d'un autre singe qu'un naturaliste amateur vient de recueillir dans une tuilerie aux abords de Saint-Gaudens, en Haute-Garonne. Or ce nouveau singe fossile, auquel Lartet donne le nom de *Dryopithecus*, «Singe des chênes», présente des traits dentaires évolués qui le rapprochent à l'évidence cette fois-ci des grands singes actuels et même de l'homme. L'existence de tels singes fossiles rend dès lors vraisemblable la possibilité de découvrir l'homme fossile lui-même.

Des antiquités celtiques à l'homme antédiluvien

Ce fut en 1835 qu'en exam
environnent Abbeville, pour y c
Je pensai que s'il existait des ho
forma ces bancs, c'est là qu'on
en trouver la trace...

Boucher de Perthes (ici en uniforme de directeur des douanes) dans une lettre datée de 1859 s'adresse à Isidore Geoffroy-Saint-Hilaire pour lui expliquer les circonstances qui l'ont conduit à découvrir dès 1835 «des ouvrages d'Hommes dans le Diluvium».

Si, pour Tournal, Schmerling et quelques autres, la preuve de l'existence de l'homme à une époque géologique antérieure à celle des temps historiques paraît établie, en revanche le monde officiel des savants est loin d'en convenir. De manière quelque

Sous la coupole de l'Institut de France, une séance de l'Académie des sciences (page de droite), à laquelle Boucher de Perthes avait, en 1846, adressé son mémoire inachevé, *Les Antiquités celtiques et antédiluviennes*. Malheureusement, l'un des membres de la commission nommée pour son examen, Elie de Beaumont, était loin de partager ses convictions philosophiques.

Ce biface trouvé au sein des gravières de Saint-Acheul (aquarelle ci-contre), près d'Amiens, a sans doute amené le docteur Rigollot, président de la Société des antiquaires de Picardie, à se rallier, le premier, aux idées de Boucher de Perthes.

peu inattendue, c'est à l'opiniâtreté d'un amateur, Jacques Boucher de Perthes, que reviendra le mérite, après bien des vicissitudes, de convaincre les autorités académiques de l'époque. De famille fortunée, directeur des douanes d'Abbeville, pourvu de talents littéraires qu'il exerce dans des genres très divers, Boucher de Perthes est en outre grand amateur d'antiquités – l'époque est au romantisme. Inlassablement, il parcourt le vaste plateau crayeux picard, entaillé par la vallée de la Somme, à la recherche d'outils de pierre taillée. Neuf années durant, de 1837 à 1846, il réunira ainsi plus d'un millier de silex taillés recueillis dans les seules alluvions anciennes des hautes terrasses de la Somme.

En 1847, il est à même enfin de publier la somme de tous ses efforts en un ouvrage monumental dans lequel il démontre notamment que l'homme a été le contemporain des grands animaux antédiluviens : mammouth, éléphants méridional et antique, bœuf étrusque, bison et rhinocéros. Dans ce premier volume de ses *Antiquités celtiques et antédiluviennes*, tout en reprenant la division traditionnelle de l'histoire du monde en deux époques séparées par la catastrophe universelle du Déluge, qu'il transpose dans le domaine de l'archéologie, Boucher de Perthes annonce la subdivision actuelle des temps préhistoriques en paléolithique – culture de la pierre taillée – et néolithique – culture de la pierre polie –, termes qui ne seront créés que vingt ans plus tard par sir John Lubbock.

Marqué malheureusement par de nombreuses élucubrations plus ou moins extravagantes sur des pierres à formes curieuses, ouvragées en réalité par la nature et non par l'homme, auxquelles il mêle des digressions sur l'origine de l'art, son ouvrage va paraître au milieu d'un scepticisme quasi unanime, s'ajoutant

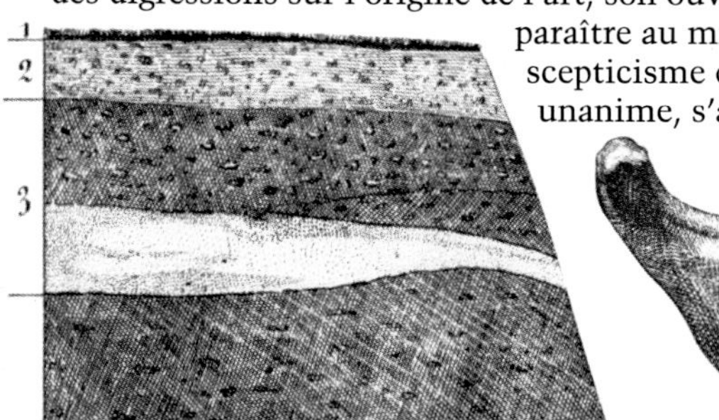

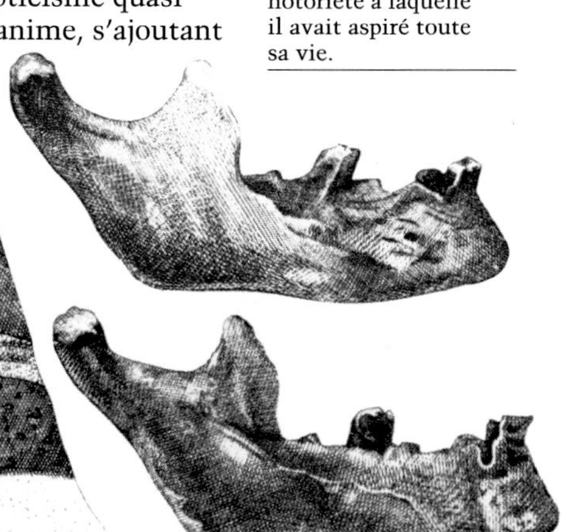

En 1863, Boucher de Perthes met au jour la mâchoire d'un prétendu homme antédiluvien à 5 mètres en dessous du sol de la carrière du Moulin-Quignon, près d'Abbeville, où elle avait été introduite frauduleusement. C'est cette découverte, objet d'âpres controverses entre les savants anglais et français, qui lui vaudra paradoxalement la notoriété à laquelle il avait aspiré toute sa vie.

aux réticences les plus farouches de l'Académie des sciences et de celle des inscriptions et belles-lettres.

Loin de se décourager, Boucher de Perthes publie dix années plus tard, en 1857, le second volume de ses *Antiquités celtiques et antédiluviennes*, dans lequel il combat les objections soulevées par sa première publication.

L'homme fossile, contemporain d'espèces disparues

Bien que de nombreux savants demeurent encore dans l'expectative, ces nouvelles théories vont cependant rallier rapidement de nouveaux partisans et non des moindres, tels Edouard Lartet et Etienne Geoffroy-Saint-Hilaire.

Les événements, dès lors, vont se précipiter. A peine la Société d'anthropologie de Paris est-elle créée en 1859 qu'elle consacre aussitôt plusieurs de ses séances aux découvertes de monsieur de Perthes ; la même année voit le ralliement des savants anglais, dont les témoignages contribuent grandement à l'établissement de la vérité. Ni le docteur Falconer, paléontologue et vice-président de la Société géologique de Londres, ni l'archéologue John Evans, moins encore les géologues Prestwich et surtout Charles Lyell, qui jouit d'une grande renommée, ne mettent plus en doute le fait que les outils en silex sont l'œuvre d'hommes contemporains d'espèces éteintes. Pour le clan des irréductibles, dernier carré détenteur de la pensée de Cuvier, les jours sont désormais comptés !

Ces gravures de la seconde moitié du XIXe siècle évoquent l'homme primitif aux prises avec les bêtes féroces dans une nature hostile. Elles illustrent les ouvrages populaires de Louis Figuier. Hélas, dans son louable désir d'instruire, Figuier s'inscrivait en faux contre l'«affligeante doctrine» prônée selon lui par la «secte matérialiste» qui imaginait une filiation entre le singe et l'homme. Mais sir Charles Lyell (ci-dessous), chef de file des géologues anglais, rallié aux idées de Boucher de Perthes, assurera définitivement la cause que celui-ci défendit vingt ans durant.

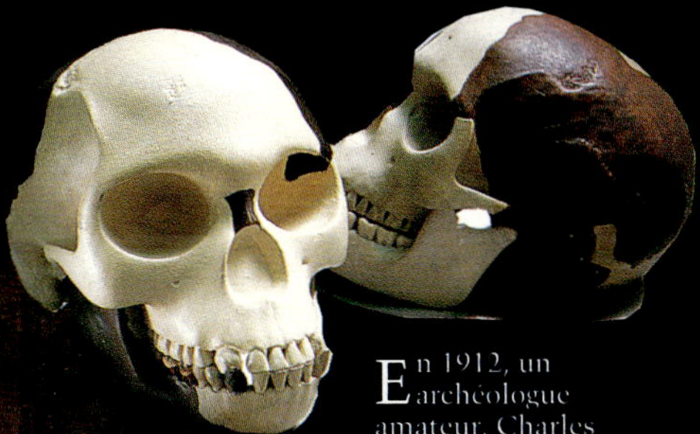

En 1912, un archéologue amateur, Charles Dawson, découvre un crâne et une mâchoire d'un homme fossile dans une gravière près de Piltdown, en Angleterre. Après avoir fait l'objet de plusieurs centaines de publications, la vérité éclate en 1953 sur la nature frauduleuse de l'« Homme de Piltdown ». En effet, il ne s'agit que du montage de la mâchoire d'un singe et d'un crâne humain. Si Charles Dawson fut l'instigateur de cette mystification, restait à trouver son éventuel complice. Plusieurs personnalités sont tour à tour soupçonnées. En 1990, Franck Spencer révèle qu'un historien de l'université de Sydney accusait le célèbre anatomiste anglais Arthur Keith. Sur cette peinture de John Cooke de 1914, on voit Keith, vêtu d'une blouse blanche, examinant le crâne de Piltdown. Derrière lui, debout à sa gauche, l'énigmatique Dawson.

1. Mittelländer (Kaukasier). 2 Nubier. 3. Dravida. 4. Malaye. 5 Mongole. 6. Amerikaner. 7. Arktiker (Eskimo). 8 Australier. 9. Neger. 10. Kaffer. 11. Hottentotte. 12. Papua.

L'interprétation des restes d'hommes préhistoriques et de leurs outils a été possible grâce à trois nouvelles théories : celle de l'histoire de la Terre, celle de l'immensité des durées et celle des idées transformistes. De ces théories découle la place de l'homme dans la nature, au voisinage immédiat des grands singes.

CHAPITRE II
L'HOMME, SINGE NU OU PETIT DIEU?

La diversité des milieux que l'homme a colonisés au cours des derniers 100 000 ans explique les différences physiques. Un découpage de l'humanité en races, si typique au XIXe siècle, est, en réalité, arbitraire. L'humanité est le fruit d'une histoire unique, dont l'aube fut commune à celle des grands singes il y a plus de cinq millions d'années.

Ces trois théories, qui connaîtront à partir du XXe siècle un formidable essor, constituent le fondement même de l'histoire biologique de l'homme. Quelle que soit la légitimité de l'approche métaphysique, si à plus de trois siècles de distance les bûchers se sont éteints, l'affaiblissement des dogmes a contribué à renouveler l'engouement et la fascination pour la préhistoire de l'humanité. L'enjeu étant de taille, il était inévitable que par contrecoup d'anciennes idées à bases théologiques refassent périodiquement surface.

En réalité, l'étroite parenté de l'homme et des grands singes ne signifie pas que l'homme soit assimilable au modèle animal. Cette relation de parenté certes se traduit dans nos classifications, simple reflet de notre généalogie où les rapports des êtres sont fondés sur leur seule organisation.

Au cours de son évolution, l'homme, devenu capable de communiquer, s'est doté d'une nouvelle fonction sans précédent dans l'histoire du vivant : la transmission culturelle. En fait, pour reprendre le mot de François Jacob, l'homme s'est peu à peu «programmé pour apprendre», s'éloignant ainsi de la simple transformation organique dont le programme consiste presque uniquement à recopier les comportements innés d'une génération à l'autre.

Les différentes cultures qui se sont succédé dans le temps et dans l'espace participent de nos jours à la construction d'un nouvel humanisme capable de répondre à certaines philosophies raciales. Si, à l'aube du XXIe siècle, nous serons en mesure de domestiquer l'énergie de fusion thermonucléaire et de coloniser une partie de notre système solaire, nous le devons également à ces hommes qui nous ont précédés durant des millénaires – eussent-ils eu le front bas et la démarche chancelante –, et qui nous ont transmis de génération en génération leur capital de savoir.

L'homme appartient-il au règne animal?

Sous le second Empire, la question de l'appartenance de l'homme au règne animal agite encore régulièrement les séances houleuses de la Société d'anthropologie. Armand de Quatrefages, professeur d'anthropologie au Muséum national d'histoire naturelle et directeur de la Société d'anthropologie, défend en compagnie d'autres naturalistes le principe de l'existence d'un règne humain distinct du règne animal. Pour lui, un règne humain distinct de celui des animaux se justifie par l'existence chez l'homme de la notion du bien et du mal, la croyance à une autre vie et à des êtres qui lui sont supérieurs.

Quatrefages n'étant pas transformiste – en ce sens qu'il ne croit pas qu'une espèce peut descendre d'une autre –, il ne peut concevoir que la classification des êtres vivants puisse être le reflet de leur histoire. La classification n'est pour lui qu'un artifice commode qui devait faciliter le langage et permettre le raisonnement. Dans cette optique, la création d'une catégorie propre à l'homme opposée au règne animal est inévitable. Se réclamant de la même vision anthropocentrique, Blumenbach, en 1791, a déjà opposé les bimanes (l'homme) à tous les autres

Au cours de son histoire, l'homme s'est peu à peu affranchi de la nature et des climats dont les modifications ont été responsables de son évolution organique; celle-ci, qui se manifeste seulement au fil des générations, est lente puisqu'elle obéit aux lois de la génétique. Avec l'apparition du langage articulé puis bien plus tard de l'écriture, l'homme a atteint un nouveau palier d'évolution, l'évolution culturelle grâce à laquelle tout acquis est transmis rapidement au sein de chaque génération. Dès lors, comme le dit le proverbe africain : «Un vieux qui meurt est une bibliothèque qui brûle.»

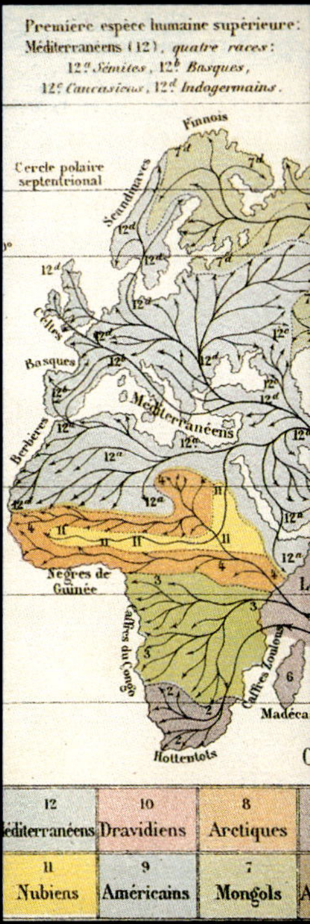

L'éminent zoologiste allemand Ernst Haeckel était convaincu que «si le Nègre et le Caucasien étaient des colimaçons, tous les zoologistes confirmeraient à l'unanimité que ce sont d'excellentes espèces» (*Histoire de la création naturelle*, 1868). Aussi n'hésite-t-il pas à subdiviser l'humanité en douze espèces en se fondant sur la nature des cheveux, la forme du crâne, la couleur de la peau et celle des yeux, utilisant peut-

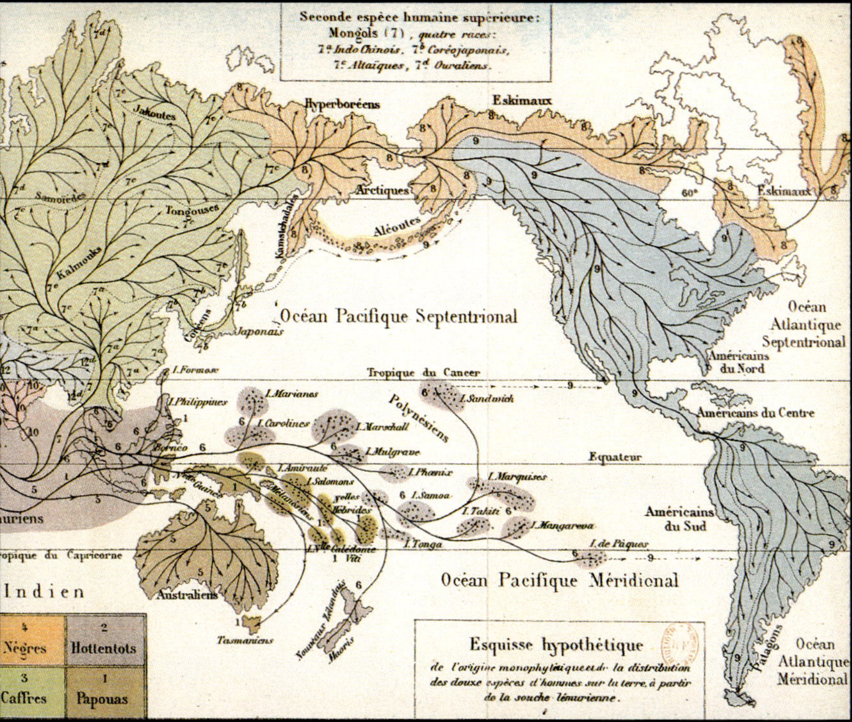

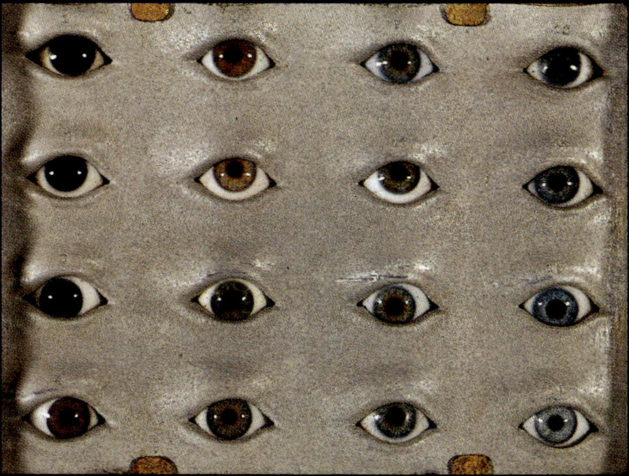

être des instruments anthropologiques comme ce tableau d'yeux artificiels et cette palette de couleurs de peau. Pour Haeckel, les douze espèces humaines étaient issues d'un seul et même type ancestral, son *Homo primigenius*, et par conséquent originaires d'une même patrie, un continent qu'il imaginait englouti sous l'actuel océan Indien, touchant Madagascar et l'Afrique orientale (en violet sur la carte).

animaux, les quadrumanes; d'autres, tel le zoologiste allemand Illiger, parlent des *Erecta* (position érigée) tandis qu'Owen, le «Cuvier» anglais, mentionne les archencéphales : les possesseurs de cerveaux supérieurs! De nos jours, plus personne ne doute sérieusement que l'homme fait partie du règne animal.

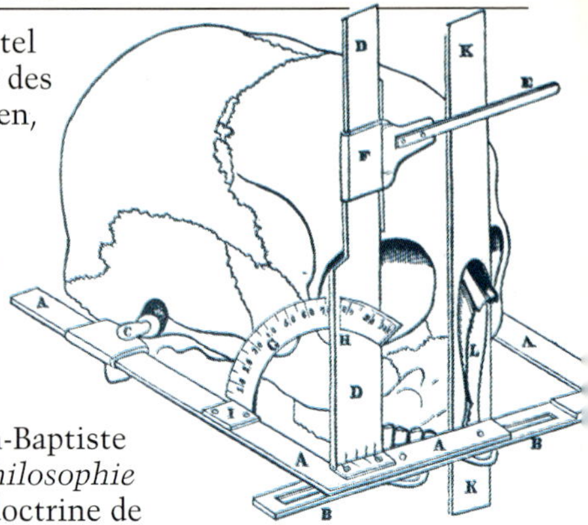

Un ancêtre encombrant

Lorsque l'illustre savant français Jean-Baptiste Lamarck publie en 1809 sa célèbre *Philosophie zoologique*, livre prophétique sur la doctrine de l'évolution, craignant d'aller trop loin, il feint de supposer que l'homme «aurait pu naître» d'un singe s'il «n'était distingué des animaux que par les caractères de son organisation et si son origine n'était pas différente de la leur». Il est vrai qu'à cette époque l'empereur lui-même

Cet instrument anthropologique typique du début du XXe siècle servait à mesurer les crânes humains dont les paramètres, croyait-on, mettaient en évidence les caractéristiques raciales.

Dans l'Amérique des années 1920, les traditionalistes protestants firent campagne contre les idées «antibibliques» en vogue dans les manuels scolaires, où l'on enseignait que l'homme descendait du singe. En 1924, le gouverneur de Caroline du Sud en interdit l'usage dans les écoles publiques, ne voulant pas que sa fille «ni la fille de qui que ce soit soit obligée d'étudier un livre qui montre des photos d'un homme et d'un singe sur la même page»!

couvre de son autorité despotique le préjugé fixiste répandu dans toutes les couches de la société et dont Cuvier a été l'incontournable champion.

Un demi-siècle plus tard, de l'autre côté de la Manche, dans la patrie de Darwin, Thomas Huxley, surnommé le «bouledogue» de Darwin, exposant dans une brillante conférence les idées transformistes de son illustre collègue, s'attire les foudres de l'évêque d'Oxford qui y assiste. A l'évêque qui lui demande «si c'est par son grand-père ou par sa grand-mère qu'il descend du singe», Huxley rétorque de manière cinglante qu'il aime mieux avoir pour aïeul un brave singe qu'un personnage turbulent employant une éloquence douteuse à embrouiller des questions dont il ignore le premier mot. Tout comme l'évêque d'Oxford, la plupart des gens ressentent encore une profonde humiliation à l'idée même de descendre d'un singe.

«Le plus bestial de tous les crânes humains connus»

En 1856, année qui marque la découverte des premiers singes fossiles, a lieu, de l'autre côté du Rhin, une découverte capitale. En août, des ouvriers

Le retentissant procès Scope en 1925, dans l'Etat du Tennessee, opposa violemment les évolutionnistes aux partisans de la Création divine. *Dieu ou le gorille, il faut choisir* fut l'un des best-sellers du moment. Ci-dessus, le quartier général de la ligue antiévolutionniste qui se dressait face au tribunal ou John Thomas Scope, professeur de sciences naturelles, fut condamné à payer 100 dollars d'amende – une somme considérable pour l'époque – pour avoir enseigné «de façon criminelle que l'homme descend d'un ordre inférieur d'animaux».

travaillant dans une exploitation de marbre mettent au jour une petite grotte s'ouvrant sur une paroi verticale de près de 20 mètres, dominant le ravin de Neandertal, près de Düsseldorf. Sous leurs pieds, les carriers ont la surprise de retirer de l'épaisse couche d'argile un squelette humain étendu là, la tête tournée vers l'entrée de la grotte.

Croyant avoir trouvé les restes d'un ours des cavernes, comme on en recueillait souvent dans les cavernes voisines, les carriers ne prennent pas garde aux ossements et les jettent. Par bonheur, le directeur de l'exploitation juge bon d'en aviser un de ses amis, monsieur Fuhlrott, professeur d'histoire naturelle, qui enseigne à quelques kilomètres de là dans la petite ville d'Elberfeld. Fuhlrott reconnaît immédiatement qu'il s'agit de restes humains et non d'un ours des cavernes. Il sauve ainsi de la destruction complète une calotte crânienne, les fémurs, les humérus, les cubitus, une clavicule, une omoplate, la moitié d'un bassin et quelques côtes. Fuhlrott est cependant frappé par l'aspect primitif de la calotte, qui présente une voûte très basse, un front fuyant, et surtout par la présence d'énormes arcades sourcilières. Il est intrigué également par l'épaisseur anormale des parois osseuses qui lui laisse supposer que l'individu auquel les restes ont appartenu était doté d'une musculature peu commune. Fuhlrott se souvient que la présence d'énormes arcades sourcilières est un caractère que le savant anglais Owen a mis en évidence chez le gorille, en 1848, d'après deux têtes, qu'un missionnaire protestant lui avait envoyées du Gabon. Il est dès lors persuadé qu'il possède là des vestiges d'un ancêtre lointain, intermédiaire entre les grands singes et l'homme.

La calotte crânienne de l'homme de Neandertal mise au jour en 1856 fut à l'origine de mémorables débats pendant trente ans.

La découverte en 1886 de plusieurs squelettes néandertaliens dans la grotte de Spy, en Belgique, permit dès lors au savant anatomiste allemand Schaaffhausen d'en dresser le portrait.

Neandertal : une polémique de plusieurs dizaines d'années

Comme le crâne a été trouvé par des ouvriers, on croit pouvoir en contester l'authenticité. La question de l'homme primitif de Neandertal est âprement discutée au congrès de Kassel en 1857 où les élucubrations les plus invraisemblables sont échafaudées. Pour l'un, le crâne a probablement appartenu à quelque stupide ermite. Pour le Français Prunner-Bey, il s'agit sans aucun doute d'un représentant de la race celtique. Pour un autre, on a affaire à un cosaque russe mort là en 1814 ; on rappelle opportunément que l'armée cosaque du général Tchernicheff a en effet campé à proximité. Seul le professeur Schaaffhausen de Bonn partage le point de vue de Fuhlrott. Ces ossements humains qu'il a entre les mains sont bien les plus intéressants qu'il ait jamais vus de toute son existence. Pour lui, les os de Neandertal présentent incontestablement des caractères simiesques. En fait, Schaaffhausen, imprégné de longue date par les idées évolutionnistes, est convaincu que l'on tient là la preuve de l'origine animale de l'homme. On attend enfin le point de vue d'une autorité incontestée, celle du célèbre anthropologue Virchow, dont l'influence en Allemagne est alors prépondérante. Virchow se prononce : il ne s'agit pas d'un homme normal. En réalité, pour Virchow, on est en présence d'un idiot malformé, rachitique et affligé d'arthrite.

Les hommes de Neandertal sont considérés de nos jours comme très proches des hommes modernes. Baptisés du nom d'*Homo sapiens neanderthalensis*, ces hommes trapus et très musclés avaient une tête volumineuse et aplatie, au nez saillant et aux pommettes effacées.

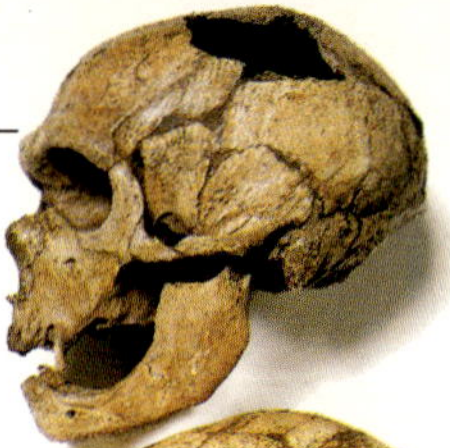

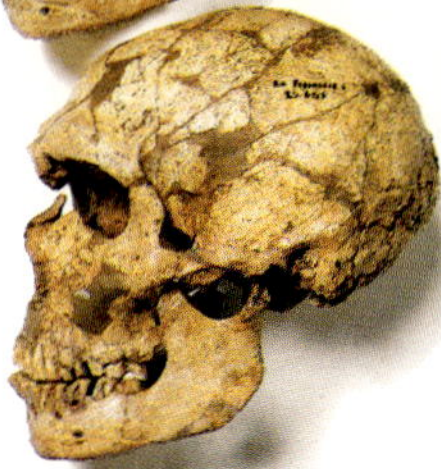

La polémique, en fait, va encore se déchaîner pendant près d'une trentaine d'années, alors que Lyell lui-même, qui a soigneusement examiné les restes ainsi que la grotte, penche en faveur d'une nouvelle espèce d'homme distincte d'*Homo sapiens*. King, son assistant, le baptise d'ailleurs *Homo neanderthalensis* dès 1864. Il faut attendre la redécouverte du crâne de Gibraltar – mis au jour dès 1848, lors de la construction des fortifications militaires – et surtout de la mandibule néandertalienne au «Trou de la Naulette», près de Dinant en Belgique, en 1865, pour que l'hypothèse de la nature pathologique de l'homme de Neandertal soit sérieusement mise en doute. L'absence de menton, caractère simiesque pour l'époque, sur la mâchoire de la Naulette frappe au premier coup d'œil. Pour l'anthropologiste français Ernest T. Hamy, les hommes de la Naulette, de Gibraltar et de Neandertal appartenaient à une même espèce, qui plus est à une même race, selon lui la première des races humaines fossiles. Après la découverte, en 1886, près de Spy en Belgique, de deux squelettes dont l'un est presque complet et qui présente les mêmes caractéristiques, les plus sceptiques doivent admettre que l'homme de Neandertal ne peut être un idiot ni même le produit d'une mystification et qu'un autre homme a bien foulé la terre avant nous.

Le gisement de La Ferrassie, en Dordogne, fut découvert vers la fin du siècle dernier. Après dix années de fouilles méthodiques, Denis Peyrony mit au jour, le 17 septembre 1909, le tibia et le fémur du premier des sept squelettes néandertaliens inhumés dans le grand abri sous roche, il y a quelque 40 000 ans. Ci-dessus, deux crânes de Neandertal.

La «race» dite de Cro-Magnon

Vers la même époque, est reconnue l'existence d'un autre type humain dont cinq squelettes viennent d'être exhumés du fond de l'abri sous roche de Cro-Magnon, tout près du village des Eyzies en Dordogne. Pour Louis Lartet, fils du paléontologue Edouard Lartet, chargé des fouilles de Cro-Magnon par le ministre de l'Instruction publique, l'emplacement des squelettes et la disposition des vestiges qui les accompagnent témoignent d'une inhumation volontaire. Six ans après leur découverte, en 1874, ces hommes aux traits anatomiques modernes, car proches du type humain actuel, sont considérés comme les prototypes d'une nouvelle race : la «race» dite de Cro-Magnon. Bien qu'ils soient associés à des outils du paléolithique, l'ancienneté de ces hommes de Cro-Magnon – qui ont succédé en Europe aux hommes de Neandertal – est mise en doute, en particulier par le préhistorien français Gabriel de Mortillet, qui ne peut se résoudre à admettre que des hommes du paléolithique enterrent déjà leurs morts. Pour l'heure, la découverte dans nos régions d'un type d'homme à la physionomie avantageuse, aux traits «fins et élégants» aux côtés des hommes de Neandertal qui font encore figure

En 1868, lors de la construction de la voie ferrée entre Agen et Limoges, des ouvriers mirent au jour un abri sous roche, à Cro-Magnon, rempli d'ossements et d'outils taillés. Louis Lartet, y entreprit les premières fouilles qui permirent de dégager plusieurs squelettes humains adultes dont ce crâne surnommé le «Vieillard», qui devinrent les représentants types de la «race» de Cro-Magnon.

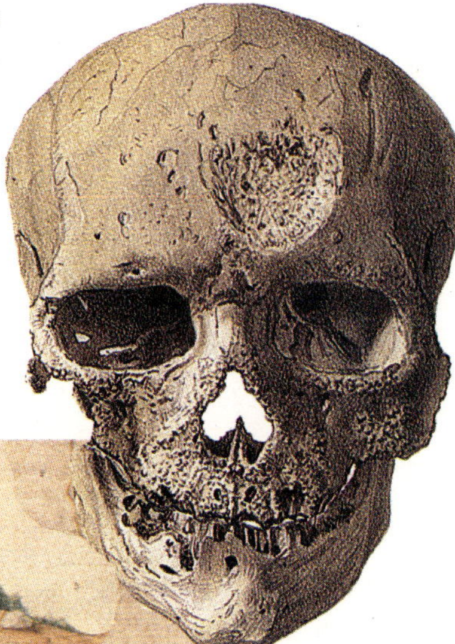

Coupe de l'abri sous roche de Cro-Magnon.

P
d
b
c
M

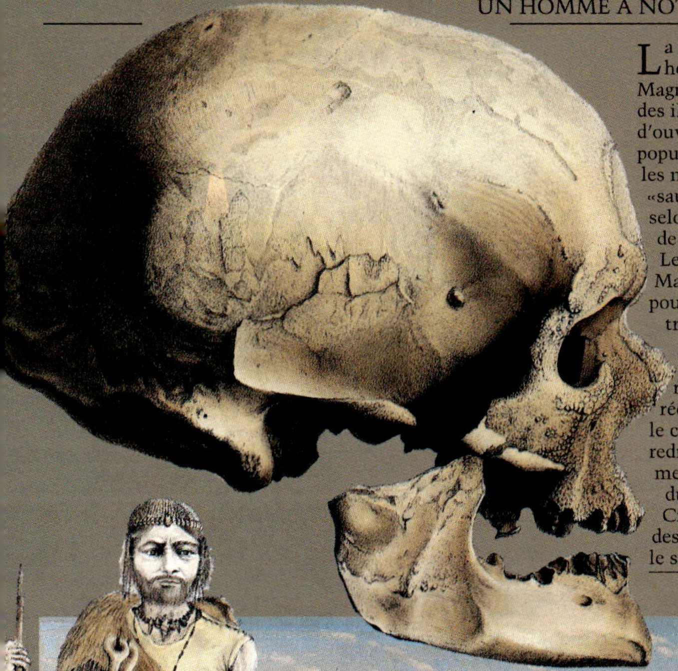

La découverte des hommes de Cro-Magnon excita la verve des illustrateurs d'ouvrages éducatifs populaires imaginant les mœurs de ces «sauvages indigènes», selon l'expression de Louis Figuier. Les hommes de Cro-Magnon offraient pourtant tous les traits des hommes actuels, comme le montre cette reconstitution récente ainsi que le crâne au front redressé et au menton saillant du «Vieillard» de Cro-Magnon (ci-dessous et à gauche, le site des Eyzies).

d'hommes-singes, n'est pas pour déplaire à certains esprits revanchards au lendemain de la guerre franco-prussienne.

Reste à découvrir l'auteur des plus anciens silex taillés, recueillis notamment par Boucher de Perthes et dont on ne possède encore aucun vestige authentique.

Le «chaînon manquant» vivait-il en Asie?

D'aucuns, convaincus de la justesse de la formule pseudo-darwiniste «l'homme descend du singe», entreprennent de rechercher l'intermédiaire entre les grands singes et nous, que l'on appelle alors d'une manière dogmatique le «chaînon manquant».

Aussi, en 1867, l'embryologiste allemand Ernst Haeckel n'a-t-il pas hésité à représenter un Papou au terme de son arbre généalogique humain; il est en effet convaincu de l'étroite parenté des Papous et des Mélanésiens avec le type ancestral, l'hypothétique *Homo primigenius* comme certains se plaisent à le nommer. Frappé par la ressemblance entre les embryons humains et ceux des gibbons, qui vivent en Asie du Sud-Est, Haeckel imagine dès lors les «Jardins du Paradis» dans cette région du globe, sur un continent en partie englouti sous l'actuel océan Indien, la «Lémurie» de l'Anglais Sclater.

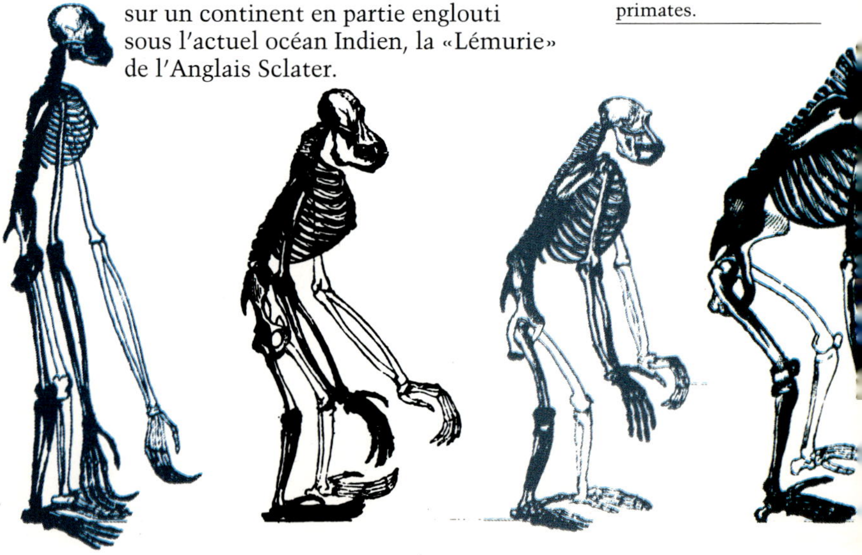

Le grand biologiste anglais Thomas Huxley (1825-1895), ardent défenseur des idées de Darwin, ne croyait pas que l'homme était clairement distinct des autres animaux, en particulier des singes, traditionnellement désignés depuis Buffon par le terme de quadrumanes – créatures à quatre mains – par opposition au bimane, l'homme. Dans son ouvrage *Evidence as to Man's Place in Nature*, il démontra notamment qu'«il y a plus de différences entre la main et le pied du gorille et de l'orang-outan qu'entre ceux du gorille et ceux de l'homme», ce dernier n'étant plus dès lors qu'une simple famille au sein de l'ordre des primates.

Ernst Haeckel enseignait que nos lointains ancêtres ressemblaient à des gibbons. Cette photographie le montre tenant d'un geste symbolique la main d'un squelette de gibbon. Derrière lui sur sa droite, le squelette d'un enfant.

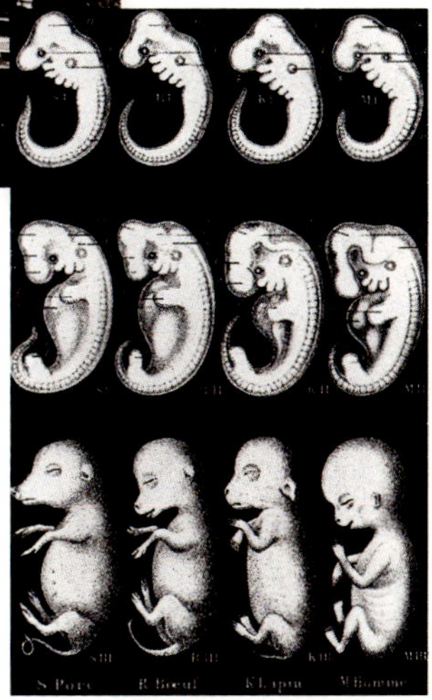

En reconstituant l'arbre généalogique de tous les organismes vivants, Haeckel s'appuie sur la méthode embryogénique, reprenant à son compte, sans nuances, l'une des lois déjà entrevue par Geoffroy-Saint-Hilaire selon laquelle le développement embryogénique d'un animal n'est qu'une «récapitulation» brève et rapide des étapes successives de son évolution.

A l'opposé de Haeckel, Thomas Huxley et Charles Darwin émettent l'hypothèse, dans deux ouvrages retentissants publiés à quelques années d'intervalle – *Evidence as to Man's Place in Nature* et *The Descent of Man* –, que nos ancêtres primitifs ont dû vivre sur le continent africain plutôt qu'en Asie, les chimpanzés et les gorilles étant selon eux les plus proches parents de l'homme. Les découvertes en Asie, à Java, ne se font guère attendre, semblant conforter momentanément le point de vue de Haeckel.

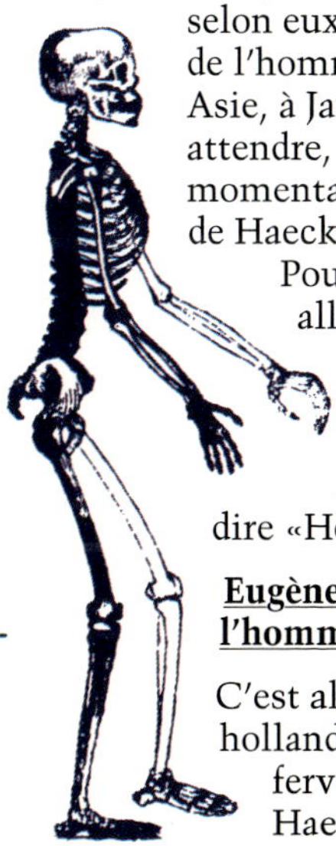

Pour l'heure, l'éminent zoologiste allemand Ernst Haeckel, anticipant les découvertes, baptise le chaînon manquant, avec l'audace qui lui est coutumière, *Pithecanthropus alalus*, c'est-à-dire «Homme-singe muet».

Eugène Dubois part sur les traces de l'homme-singe

C'est alors qu'un jeune médecin hollandais du nom d'Eugène Dubois, fervent lecteur et admirateur de Haeckel, s'engageant dans le corps médical de l'armée hollandaise, s'embarque en 1887 pour Sumatra et par la suite pour Java, alors colonies hollandaises. Enfiévré par l'idée d'aller retrouver les reliques de l'homme-singe, Dubois est intimement persuadé que l'ancêtre de l'homme peut descendre d'un gibbon primitif. L'île de Sumatra, comme Dubois ne l'ignore pas, est en effet habitée à la fois par les gibbons et les orangs-outans. Mais seuls les gibbons vivent à Java.

Ci-dessous, le crâne du *Pithecanthropus erectus* et un dessin de Dubois.

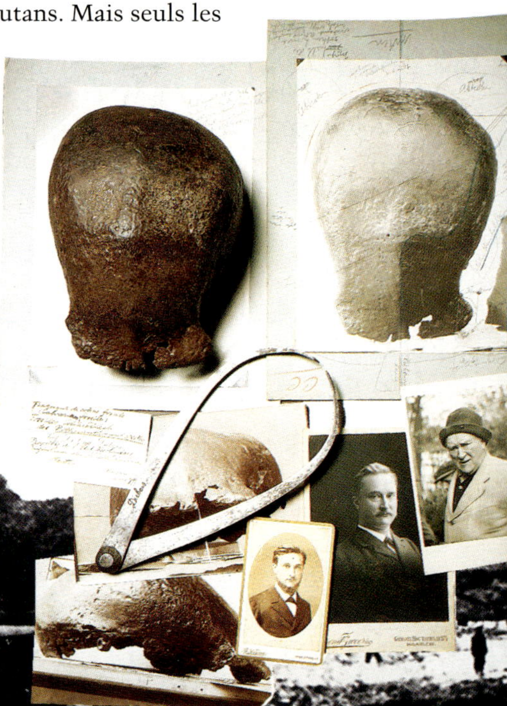

Il est ahurissant de penser que Dubois ait pu réellement découvrir sur cette dernière île, après des mois de recherches acharnées, des restes d'hommes fossiles, quand on songe à leur extrême rareté : il est vrai qu'il a amassé durant ces longs mois pas moins de 12 000 ossements fossiles! En 1891, après avoir déjà recueilli un fragment de mâchoire et une dent isolée, il exhume à Trinil, sous les alluvions de la rivière Solo,

A peine le jeune médecin militaire hollandais Eugène Dubois était-il arrivé à Sumatra qu'il apprit la découverte près de Wadjah, à Java (paysage ci-contre), d'un crâne humain fossile, en réalité celui d'un *Homo sapiens*. Aussitôt embarqué pour Java, il y découvrit peu de temps après les restes de l'homme de Trinil sur les berges de la rivière Solo (ci-dessous) au pied du volcan Lawu-Kukusan. Incontestablement, Dubois a été servi par une chance inouïe, mais non moins par une cinquantaine d'ouvriers qu'il avait engagés sur la seule fouille de Trinil. De Batavia, Dubois écrivit à Haeckel, lui annonçant l'heureuse nouvelle. La découverte du chaînon manquant confirmait, il est vrai, pleinement les prédictions de l'audacieux zoologiste. Présentés dès 1895, lors du troisième congrès international de zoologie à Leiden en Hollande, les restes du *Pithecanthropus erectus* de Java firent l'objet trente ans durant d'interminables discussions.

une calotte crânienne d'apparence vaguement humaine ainsi qu'une dent isolée.

La calotte présentait un front très bas et fuyant ainsi que des arcades sourcilières proéminentes. A l'étonnement de Dubois, la calotte, vue de dessus, était pourvue d'une forte constriction à l'arrière des orbites. Assez curieusement, il rapprocha d'abord ces restes d'un chimpanzé; ce dernier étant désigné

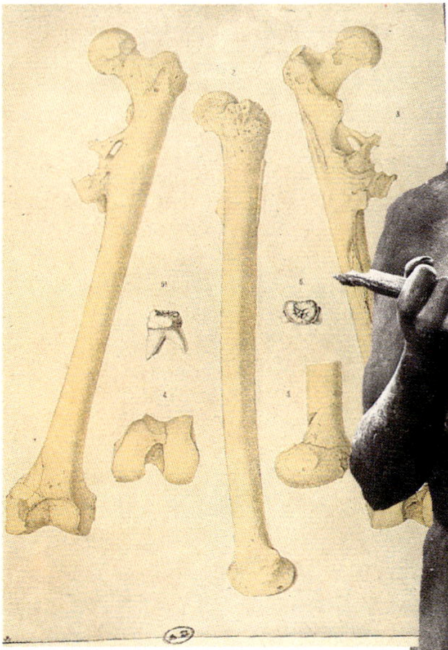

Eugène Dubois était convaincu que les quatre vestiges humains recueillis par lui à Trinil (à gauche), à proximité les uns des autres, appartenaient à un seul et même individu. Comme la calotte crânienne avait été trouvée à 1 mètre de la première dent, et le fémur à 15 mètres de la calotte, chaque reste pouvait faire l'objet d'une interprétation différente augmentant d'autant le nombre des hypothèses possibles. En dépit de la nature fragmentaire de ces ossements, une reconstitution du pithécanthrope de Java (ci-contre) fut présentée lors de l'Exposition universelle en 1900 dont on trouve ici une illustration dans un journal mexicain (page de droite, en haut).

à l'époque sous le nom de singe-homme, *Anthropopithecus*, Dubois nomma le fossile de Java *Anthropopithecus alalus*. Mais ayant découvert par la suite, dans cette même fouille de Trinil, un fémur qui témoignait manifestement de la station debout et s'étant rendu compte que la capacité crânienne de la calotte était comme par miracle intermédiaire entre celle des grands singes et celle des hommes – en tout cas trop vaste pour être celle d'un singe –, il ne douta plus jusqu'à la fin de sa vie – il mourut en 1940 – qu'il avait affaire à un véritable homme-singe, le fameux chaînon manquant de Haeckel, qu'il rebaptisa dès lors *Pithecanthropus erectus*.

L'homme de Java ouvre l'ère de la paléontologie humaine

Bien qu'on salue de partout l'importance de la découverte et qu'on rende hommage à son inventeur, le scepticisme est quasi général. Pour les uns, le fossile de Java est un indigène quelque peu primitif ; pour les autres, il ne s'agit que d'un grand gibbon. De l'avis de l'éminent anthropologue allemand Virchow, l'étrécissement visible à l'arrière des orbites n'a jamais été trouvé chez les humains : on le rencontre seulement chez les singes.

Dubois n'en continue pas moins d'affirmer que l'énigmatique forme de Java présente bien, à l'évidence, un état intermédiaire. Mais découragé et aigri, il n'autorise plus que quelques rares visiteurs à examiner ses spécimens.

Au tournant du siècle, de nouvelles expéditions sont faites à Java, qui n'apportent au demeurant aucun élément nouveau. La controverse s'éternise. De guerre lasse, mal compris, l'inventeur ne consent plus à sortir de sa retraite avec ses fossiles. Dans l'intervalle a lieu la découverte du crâne de Pékin, en 1929. Celui-ci présente d'indéniables affinités avec le crâne du pithécanthrope de Java. Vers la même époque, Ralph von Koenigswald, un paléontologue allemand, met au jour à Java d'autres restes de pithécanthropes, non loin de Trinil d'abord, puis à Sangiran. La véritable nature des restes de Pékin et de Java ainsi que leur identité peuvent alors être démontrées et précisées. Dans les deux cas, il ne s'agit pas d'un homme-singe, mais bien d'un homme, qu'on baptise dès lors *Homo erectus*. La paléontologie humaine vient de naître.

Dubois nie les ressemblances entre les crânes de Trinil et de Pékin (ci-dessous), qu'il regarde comme un représentant de la race de Neandertal.

L'homme ne peut descendre du singe puisque, d'une certaine manière, il est lui-même un singe. Demandons-nous plutôt si l'homme descend d'«un» singe ? Naturellement, pas plus que chacun d'entre nous ne descend de ses cousins et cousines, l'homme ne descend d'un singe actuel. Mais la paléontologie ainsi que toutes les disciplines des sciences biologiques nous ont appris que les grands singes actuels et les hommes ont eu des ancêtres communs il y a quelques millions d'années.

CHAPITRE III
LES ANCÊTRES DE NOS ANCÊTRES

Cette empreinte de pas datant de 3,8 millions d'années, caractérisée par un gros orteil collé aux autres doigts et une double courbure de la voûte plantaire, prouve l'existence, bien avant les premiers hommes, d'un hominidé à démarche bipède et à station debout.

L'horloge protéinique

Il y a plus de vingt ans, des savants étudiant les modifications de structure des protéines du sang chez les primates calculent l'âge de la divergence entre la lignée aboutissant aux grands singes (chimpanzés et gorilles) et la lignée humaine. Cette «horloge protéinique», comme on l'appela bientôt, repose sur un postulat et une hypothèse : la constance du taux d'évolution des protéines au cours de l'histoire des primates et la datation du point zéro de l'échelle de mesure utilisée. Tout comme pour la mesure de la température, le point choisi pour le degré zéro est arbitraire, selon que l'on se réfère à l'échelle Kelvin, Celsius, Fahrenheit ou Réaumur.

Le terme «singe» recouvre une catégorie de la classification qui englobe également l'homme et qu'on désigne sous le nom de simiiformes ou d'anthropoïdes : cette catégorie contient tous les descendants d'une espèce ancestrale commune. Si les avis divergent sur l'ancienneté des ancêtres communs, il est hors de doute qu'ils étaient des singes.

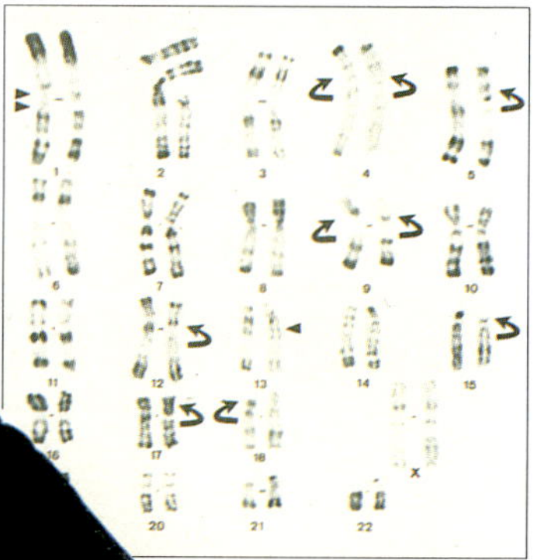

De nombreuses tentatives d'apprentissage d'un langage ont été faites sur les grands singes. De nos jours, on étudie davantage les capacités et les processus mentaux mis en jeu par l'utilisation d'un langage fondé sur des symboles sans signification par eux-mêmes, que l'animal doit combiner et réutiliser.

Dans le cas de l'horloge protéinique, on a choisi comme point zéro l'âge de la séparation des singes de l'Ancien Monde en hominoïdes (gibbons, gorilles, chimpanzés et l'homme) et cercopithécoïdes (macaques, colobes, babouins, etc.). Cet âge que l'on suppose à l'époque bien connu est estimé à 30 millions d'années. Dès lors, la date obtenue pour la divergence de la lignée humaine de celle des grands singes africains est de 6 millions d'années.

Si sur les 23 paires de chromosomes communes à l'homme et au chimpanzé, 13 sont identiques, les 10 autres présentent des différences d'organisation : certains segments sont carrément retournés (schéma à gauche)!

Des cousins de plus en plus proches...

Bien que d'autres datations soient proposées par la suite, utilisant les données de la génétique, de la cytogénétique, de la sérologie et de l'immunologie, la séparation récente de l'homme et des grands singes n'en demeure pas moins confirmée ; celle-ci est attestée en particulier par leur extrême similitude génétique portant sur 99 % du matériel chromosomique. Ainsi, la modification de 1 % seulement des gènes de l'ancêtre commun aurait suffi à provoquer des effets importants sur ses descendants, tant sur l'anatomie que sur le comportement, pour aboutir finalement à l'homme.

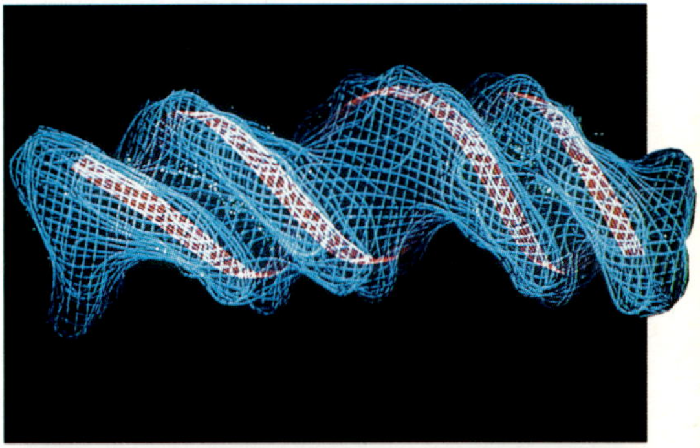

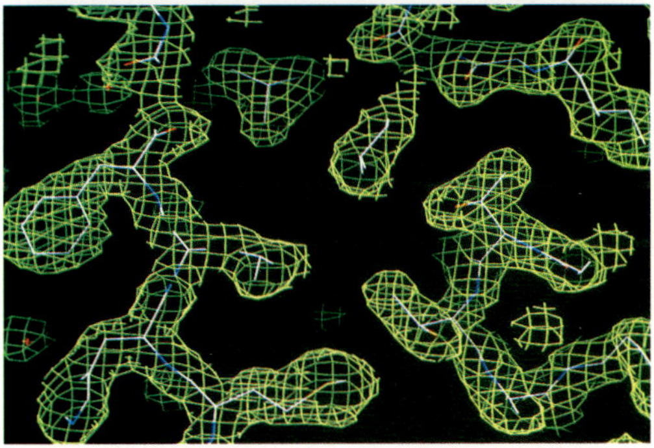

99,9 % environ des gènes portés par les chromosomes et constitués par les molécules d'ADN enroulées en double hélice (haut) et repliées dans l'espace (bas) sont communs à l'homme et au chimpanzé.

Si, pour certains, 5 à 7 millions d'années seulement nous séparent de cet événement, en réalité, il n'existe pas à l'heure actuelle de consensus sur sa datation, pas plus en paléontologie qu'en biologie moléculaire. Quoi qu'il en soit, l'une des leçons la plus importante concerne la proximité de parenté des grands singes et de l'homme. N'a-t-on pas récemment mis en évidence, dans les sociétés de chimpanzés, le tabou de l'inceste (mère-fils), l'aptitude cérébrale à un langage élémentaire, l'organisation sociale élevée, l'affaiblissement de l'intolérance entre mâles, voire la conscience de leur propre identité ?

A Montmartre, sous les tropiques

A son aurore, l'histoire de l'homme se confond avec celle de tous les primates, celle des tarsiers, des loris, des lémurs, plus tard celle des singes. Soixante millions d'années séparent l'un des derniers primates, l'homme, du premier primate connu.

Si le plus ancien primate n'a sans doute pas côtoyé les derniers dinosaures, celui-ci a fait partie de tout un cortège de primates archaïques ressemblant bien plus à des rongeurs qu'à de petits lémuriens, en raison de la forme particulière de leurs incisives. A cette époque, au début du tertiaire, ils ont colonisé à la fois l'Europe et l'Amérique du Nord, car il existait alors une liaison terrestre reliant le Canada arctique, le Groenland et l'Europe, formant ainsi un continent unique. A peine 5 millions d'années plus tard, on voit apparaître sur ce même continent deux groupes nouveaux de primates, des prosimiens d'allure cette

L'origine des lémuriens de Madagascar n'est pas connue car aucun fossile à l'origine du groupe n'a encore été trouvé sur la Grande Ile pas plus qu'ailleurs. Avec plus de vingt-cinq espèces, les lémuriens malgaches constituent un groupe très diversifié. Une telle radiation est due au fait que Madagascar s'est détachée de l'Afrique il y a bien longtemps, formant une véritable arche de Noé. Cette séparation est certainement

antérieure à 35 millions d'années puisque c'est vers cette époque que sont apparus en Afrique les premiers singes, lesquels, on le sait, n'ont jamais existé sur la Grande Ile.

fois-ci bien plus moderne : les tarsiiformes et les adapiformes dont le premier d'entre eux est trouvé en 1822 dans les plâtrières de la colline de Montmartre. Considérés tour à tour comme étant à l'origine des anthropoïdes, c'est-à-dire des singes et des hominidés, le problème de l'origine des singes, quoique largement débattu, n'est toujours pas résolu. Quant à l'apparition soudaine de ces deux groupes en Amérique du Nord et en Europe, phénomène en lui-même énigmatique, elle aurait elle aussi longtemps encore fait l'objet d'âpres controverses, si l'on n'avait découvert récemment en Afrique du Nord des prosimiens plus anciens que ceux du continent Nord, puisque leur âge remonte à près de 60 millions d'années ! Cette découverte inattendue constitue depuis un argument sérieux en faveur de l'origine africaine non seulement des prosimiens mais encore de tous les singes.

Quoi qu'il en soit de ces nouvelles hypothèses, les prosimiens vont presque tous – adapiformes comme tarsiiformes – disparaître subitement vers 35 millions d'années. Leur extinction brutale est certainement due à une profonde détérioration des climats.

Le *Leptadapis* (crâne ci-dessous) est l'un des primates adapiformes les mieux connus. Comme tous ses congénères ayant vécu il y a 40 millions d'années, il possède d'énormes orbites sur le devant du crâne qui lui permettaient de voir en relief, condition *sine qua non* pour sauter et courir de branche en branche.

Le rôle clé de l'Afrique et de l'Arabie

Dès lors, la scène principale de l'histoire des primates va se déplacer et se jouer désormais plus au sud, sous les tropiques de l'Afrique et de l'Arabie où les plus anciens singes connus apparaissent en effet entre 30 et 40 millions d'années. Alors que ceux d'Afrique proviennent presque tous de la région du Fayoum, au sud-ouest du Caire en Egypte, ceux de la péninsule Arabique ont été découverts

récemment dans les montagnes pierreuses du Dhofar, à mi-chemin du golfe Persique et de la mer Rouge au sultanat d'Oman. Ancêtres lointains des grands singes et des hominidés, ils sont les premiers à posséder, comme nous, une denture à trente-deux dents par suite de la perte d'une prémolaire à chaque demi-mâchoire. Quadrupèdes de la taille d'un petit macaque, arboricoles et bons

C'est peut-être dans un tel paysage de forêt tropicale humide peuplée de palétuviers s'étendant le long d'un rivage marin, témoin quelquefois d'une intense activité volcanique, que vécurent nos ancêtres les plus lointains.

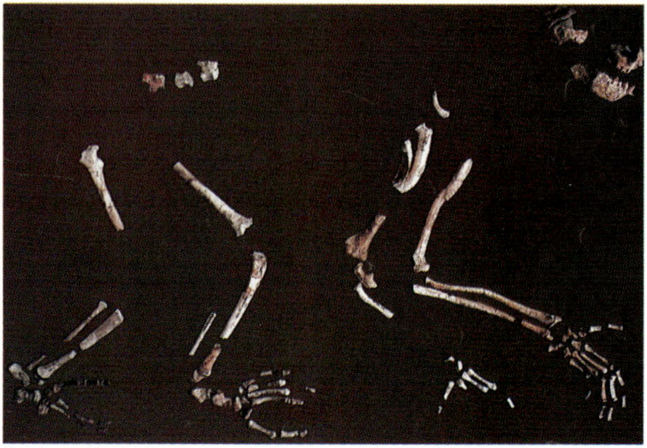

Si les premiers singes apparaissent subitement en Afrique vers 30-35 millions d'années, comme l'ægyptopithèque du Fayoum en Egypte (crâne ci-contre), aucun singe fossile n'est connu sur ce continent durant les 12 millions d'années suivantes. Avec la naissance de la grande cassure du rift est-africain, il y a plus de 20 millions d'années, les paléontologues ont retrouvé de nombreux restes de singes fossiles dont certains très complets comme le célèbre squelette du proconsul (ci-contre), trouvé sur l'île de Rusinga sur le lac Victoria.

grimpeurs, ils évoluent sans doute dans les forêts tropicales humides qui bordent les rivières et les deltas.

Assez curieusement, entre 30 et 22 millions d'années, aucun singe fossile n'est connu dans l'Ancien Monde. A partir de là, ils réapparaissent subitement en Afrique de l'Est. Dès cette époque, l'Ancien Monde va être le théâtre de toute une série de mouvements de la croûte terrestre, dont le soulèvement de la chaîne alpine, la surrection de l'Himalaya, la naissance de la grande cassure du rift est-africain, l'ouverture de la mer Rouge et surtout la collision des deux grands continents, l'Asie et l'Afrique, qui va profondément modifier le modelé des continents.

De la forêt à la savane

Vers 15 millions d'années, d'importants changements climatiques à l'échelle du globe vont entraîner en Afrique de l'Est la naissance d'un type nouveau de paysage : la savane, que beaucoup d'animaux se hâtent de conquérir. Quittant le milieu conservateur de la forêt qu'ils occupaient jusque-là, certains singes se répandront dans tout le reste de l'Ancien Monde, en Europe et en Asie, profitant de l'existence d'une voie de passage terrestre entre l'Afrique et l'Asie,

consécutive à la collision de ces deux continents. Alors qu'en Asie certains d'entre eux donneront naissance quelques millions d'années plus tard aux orangs-outans, en Afrique les changements d'habitats se traduisent pour les singes par de nouvelles adaptations en matière de régime alimentaire et surtout de locomotion ; car dans ces savanes arborées, leur progression d'un arbre à l'autre contraint les animaux arboricoles à descendre au sol de temps en temps, modifiant par conséquent peu à peu leur mode de locomotion qui deviendra de plus en plus terrestre. Vers 5 millions d'années, l'acquisition définitive de la bipédie qui apparaît chez les australopithèques est due à une nouvelle accentuation de l'assèchement climatique à l'est du rift africain. Les gorilles et les chimpanzés, plus conservateurs, se réfugieront quant à eux dans les milieux plus humides de l'Ouest africain.

Vers 4 millions d'années, les montagnes qui forment le toit de l'Afrique créent une barrière de pluie provoquant à l'est du rift une diminution importante de la pluviosité à l'origine de ces paysages de savane (en bas) très ouverte dans les grandes plaines de l'Afrique orientale.

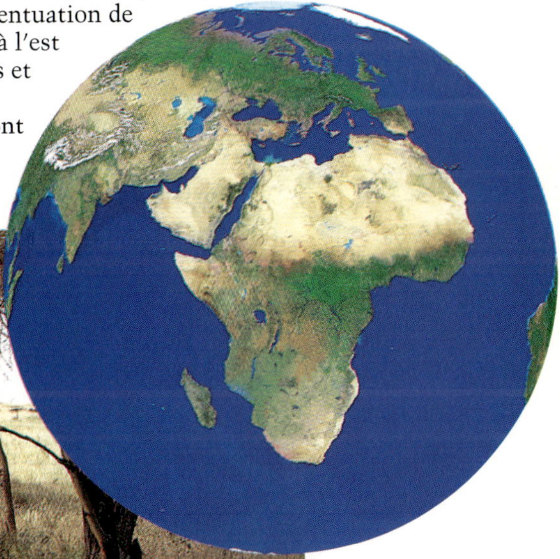

Sur cette image satellite de la Terre, on aperçoit la Rift Valley, cette énorme cassure qui a entaillé l'Afrique orientale sur plus de 3 000 kilomètres.

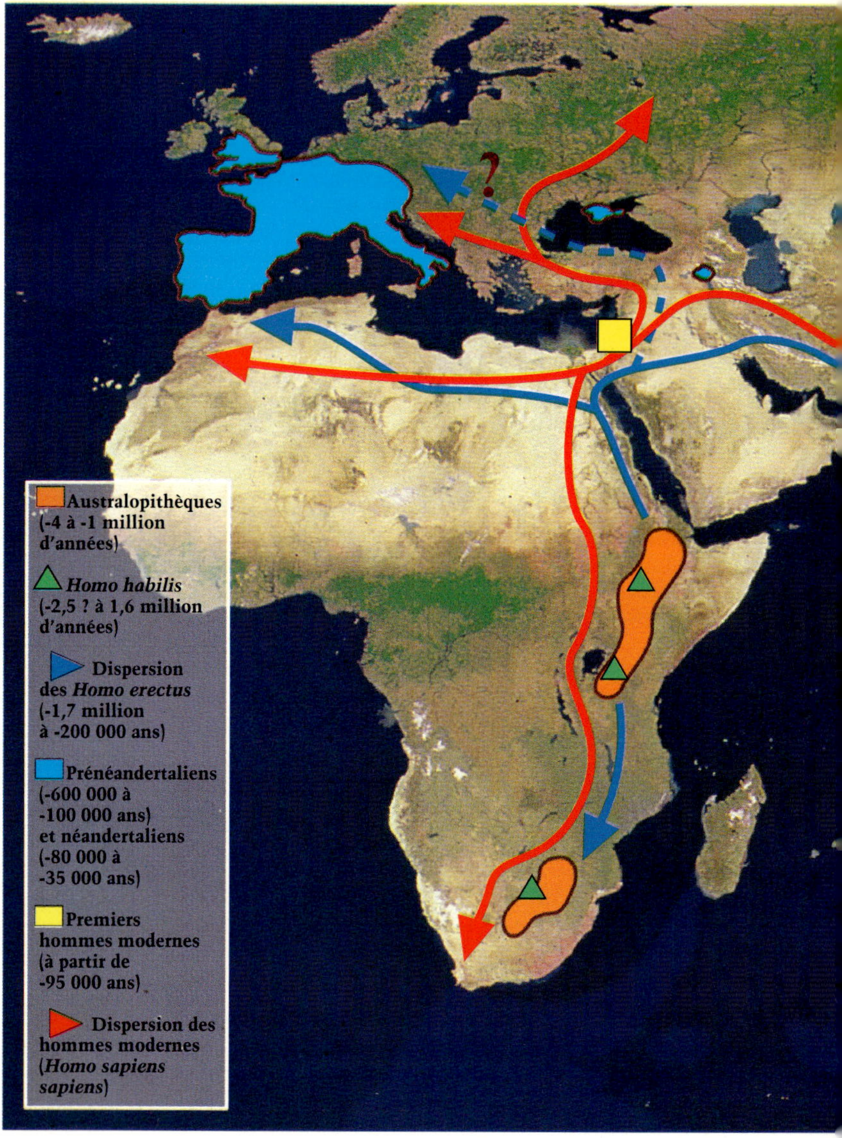

Australopithèques (-4 à -1 million d'années)
Homo habilis (-2,5 ? à 1,6 million d'années)
Dispersion des *Homo erectus* (-1,7 million à -200 000 ans)
Prénéandertaliens (-600 000 à -100 000 ans) et néandertaliens (-80 000 à -35 000 ans)
Premiers hommes modernes (à partir de -95 000 ans)
Dispersion des hommes modernes (*Homo sapiens sapiens*)

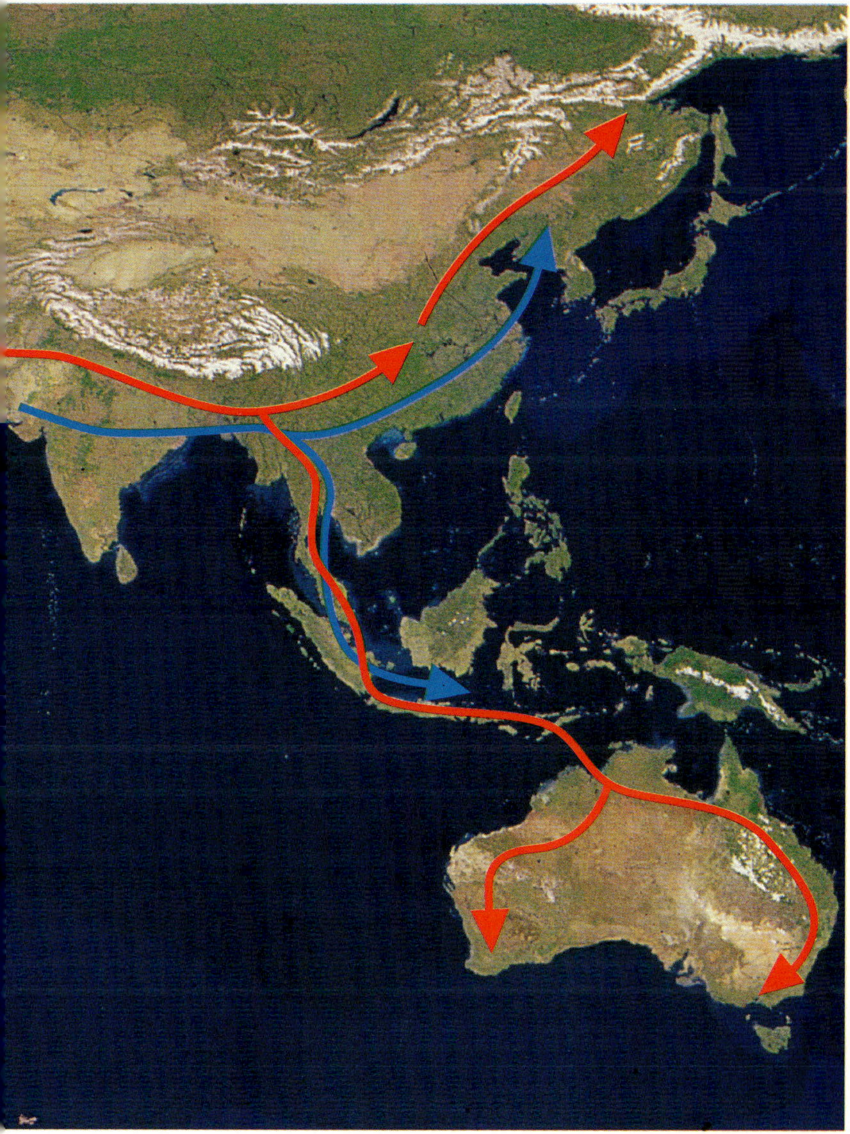

Le 7 février 1925 paraissait à Londres, dans la revue *Nature*, la description par le professeur Raymond Dart, médecin anatomiste à Johannesburg, d'un crâne fossile découvert dans la grotte de Taung en Afrique du Sud et qu'il désigna sous le nom d'*Australopithecus africanus* – le singe du Sud de l'Afrique –, premier maillon, selon lui, de la longue lignée conduisant à l'homme.

CHAPITRE IV
DE L'ENFANT DE TAUNG À LUCY

La reconstitution d'un couple d'australopithèques de l'Afar en Ethiopie, il y a plus de 3 millions d'années, et l'entrée de la célèbre gorge d'Olduvaï en Tanzanie symbolisent l'aventure africaine, à la fois celle de nos plus lointains aïeux comme celle des paléontologues cherchant à comprendre leur prodigieuse évolution.

L'australopithèque, l'Afrique et l'homme

En dépit des conclusions audacieuses formulées par Dart et qui ne sont pas admises tout de suite, celui-ci a vu juste : il s'agit bien des premiers restes d'un ancêtre de l'homme découverts en Afrique. Ce continent jusque-là muet quant au problème de l'origine de l'homme va désormais être le théâtre de la plus formidable aventure paléontologique, et pour cause : le fait est que tous les pré-hommes, que l'on appelle des australopithèques, sont apparus en Afrique. Ainsi, comme l'avait déjà imaginé le célèbre naturaliste anglais Charles Darwin au siècle dernier, ce continent a joué sans conteste un rôle primordial dans l'émergence de l'homme.

Connu aujourd'hui dès 5 millions d'années et peut-être au-delà en Afrique orientale, les australopithèques, petites créatures bipèdes, se sont éteints il y a moins de 1 million d'années si l'âge – moins de 900 000 ans – des dépôts de la grotte de Taung en Afrique du Sud est confirmé.

En 1924, dans l'exploitation minière de Taung, une explosion à la dynamite mit au jour à une profondeur de «50 pieds» le crâne fossile d'un enfant. Utilisé quelque temps comme presse-papier par le directeur de la mine, il parvint finalement entre les mains de Raymond Dart (à gauche). Quelques semaines plus tard, celui-ci annonçait la découverte d'un singe intermédiaire entre les anthropoïdes actuels et l'homme, *Australopithecus africanus*, la première espèce selon lui d'une nouvelle famille de primates : les *Homo-Simiadés*!

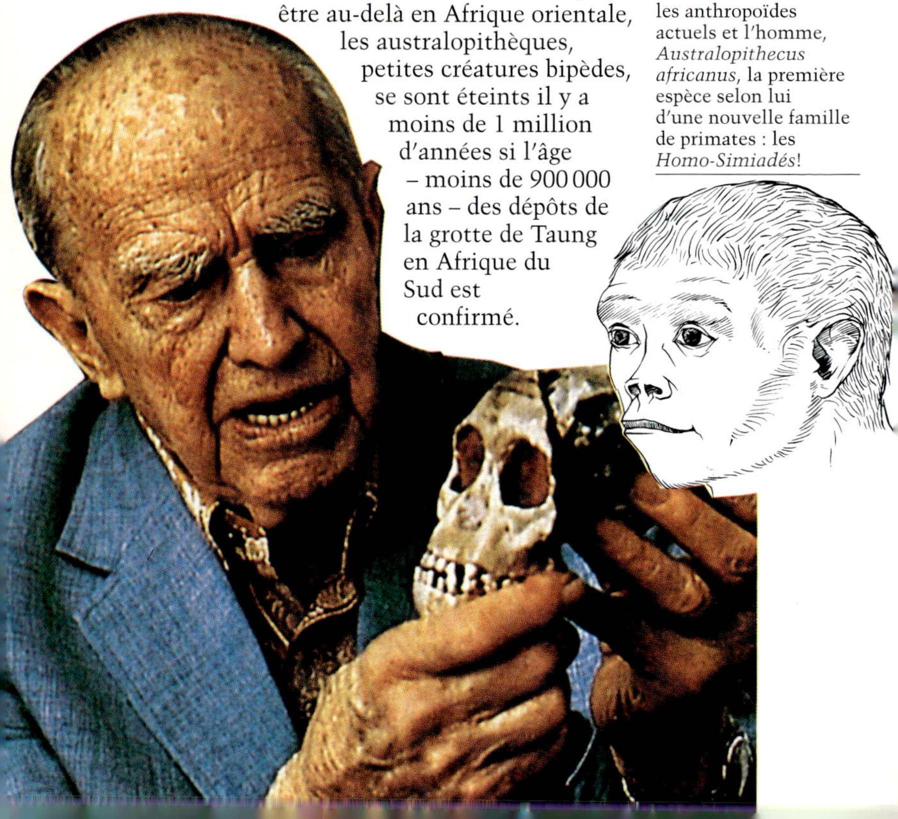

Découverts au début de ce siècle, les gisements de l'Omo en Ethiopie (ci-contre) furent explorés en 1932 par le paléontologue français Camille Arambourg. En 1967, l'Omo fut l'objet d'une expédition internationale. Près de 100 tonnes d'ossements fossiles y furent récoltés.

Cette vue du grand rift est-africain témoigne de l'immensité de la cicatrice barrant l'Afrique de l'Est sur plus de 3 000 kilomètres du nord au sud, due au lent écartement – quelques centaines de mètres par million d'années – de la plaque africaine à l'ouest et de la plaque somalienne à l'est.

L'eldorado des rifts est-africains

Quelque trente ans plus tard, c'est le tour de la Rift Valley, énorme cassure parcourant sur plus de 3 000 kilomètres l'Afrique orientale, de devenir le témoin privilégié d'un formidable déploiement de matériel et de chercheurs. Il se trouve en effet que dans ces fossés, appelés rifts, jalonnés par un chapelet de grands lacs et formés il y a près de 20 millions d'années, se sont accumulés plusieurs milliers de mètres de sédiments lacustres et fluviatiles constituant un piège idéal pour la fossilisation. Ce phénomène exceptionnel rend compte du fait que tous les gisements anciens à hominidés fossiles de l'Afrique – à l'exception de quelques gisements en Afrique du Sud – sont situés le long de cette cassure.

Sous l'action de mouvements de l'écorce terrestre, ces couches sédimentaires, d'abord empilées les unes sur les autres, ont souvent basculé pour se présenter

comme les pages d'un livre ouvert dont le plus bel exemple nous est fourni par les célèbres gisements de la vallée de l'Omo en Ethiopie. On y recueille ainsi, souvent à même le sol, les restes fossiles de nos ancêtres et les nombreux outils taillés. Des épanchements volcaniques intercalés dans ces couches géologiques permettent de dater, grâce aux éléments radioactifs qu'ils contiennent, ces témoins de notre histoire lointaine.

Tous ces gisements en Afrique ont ainsi livré deux groupes distincts d'australopithèques, l'un comprenant deux formes graciles de petite taille, *Australopithecus afarensis*, la plus archaïque – représentée par Lucy –, et *Australopithecus africanus*, l'autre deux formes robustes (*Australopithecus robustus* et *Australopithecus boisei*). Tous présentent une face concave et projetée en avant, un front peu développé, un bourrelet plus ou moins prononcé au-dessus des yeux, des molaires et des prémolaires en général énormes. Aucun n'a de menton. Munis d'un cerveau encore petit (450 à 550 centimètres cubes) comparé au nôtre (1 400 centimètres cubes en moyenne), ces hominidés se déplaçaient déjà debout sur leurs

Un groupe d'australopithèques africains disputent aux hyènes le cadavre d'une antilope.

deux jambes, sans pour autant perdre leur aptitude à grimper dans les arbres.

Les australopithèques robustes, qui se distinguent de leurs congénères graciles par la présence d'une crête très marquée sur le sommet de leur crâne, sont des êtres étranges dont les dents de la joue sont énormes, actionnées par une mâchoire puissante commandée par un cerveau de 550 centimètres cubes. Strictement végétariens, broyant des racines ou des graines, ils disparaîtront, sans descendance, vers 1 million d'années.

Les australopithèques graciles, dont certains ont quitté les milieux forestiers en bordure des rivières pour gagner peu à peu les savanes, sont considérés par certains comme les artisans des premiers outils taillés. Chassant le petit gibier, mangeant occasionnellement de la viande, ils avaient un régime alimentaire plutôt omnivore. Côtoyant les

Découverte en 1911 par un entomologiste allemand, la gorge d'Olduvaï (à gauche) allait devenir l'un des hauts lieux de la préhistoire africaine. C'est là que s'illustrèrent le célèbre paléontologue Louis Leakey et sa femme Mary qui, dès les années 1930, se consacrèrent à l'exploration du site où affleuraient d'importants dépôts lacustres datant des deux derniers millions d'années. Mais l'événement tant attendu ne se produisit que le 17 juillet 1959, lorsque Mary y découvrit l'un des plus fameux crânes d'australopithèque (à gauche) que Louis appela *Zinjanthropus boisei* – Zinj étant un ancien nom de l'Afrique orientale –, en réalité un australopithèque robuste, le premier découvert dans cette partie de l'Afrique.

australopithèques robustes, ces êtres beaucoup plus frêles – 1 mètre à 1,30 mètre et pesant 30 à 40 kilos – avaient un cerveau légèrement plus petit avoisinant 450 centimètres cubes en moyenne.

Dans le sillage des «Homo habilis»

Si certains paléontologues considèrent les australopithèques comme un cul-de-sac évolutif, en ce sens qu'ils ne représentent pas les ancêtres directs de l'homme, d'autres en revanche estiment qu'ils ont pu donner naissance aux premiers hommes, se distinguant de leurs prédécesseurs par une taille plus forte, une face aplatie sans bourrelet au-dessus des yeux, des molaires et des prémolaires plus petites et surtout par un cerveau bien plus grand atteignant quelque 800 centimètres cubes. On leur donna le nom d'*Homo habilis*, c'est-à-dire «homme adroit» ou «capable»; capable parce que l'étude des phalanges de leurs mains révéla une capacité de préhension suffisante pour être à même de tailler des outils en pierre.

L'annonce en 1964 de la création de cette nouvelle espèce, dont les restes fossiles datés de 1,8 million d'années provenaient de la célèbre gorge d'Olduvaï en Tanzanie, déclenche aussitôt les plus vives critiques; celles-ci portent sur l'attribution de ces ossements à une espèce humaine, par conséquent sur la définition nécessairement arbitraire de l'homme. Pour résoudre le problème, les savants énumèrent une centaine de caractères anatomiques propres au genre humain. Cette liste de caractères, choisie à l'intention des paléontologues – qui ne disposent jamais que d'éléments disparates du squelette –, néglige, et pour cause, toutes les autres caractéristiques biologiques, sans parler des traits comportementaux et culturels.

En 1961 Mary Leakey découvrit dans la gorge d'Olduvaï un crâne d'une nouvelle espèce humaine, *Homo habilis*, le premier homme. Onze ans plus tard, son fils Richard exhumera à son tour un crâne d'*Homo habilis* bien plus complet : le fameux ER 1470. La reconstitution de la tête commence par le rajout des parties manquantes, sur lesquelles on applique les tissus et les muscles de la face. L'empreinte du cerveau, dont le volume dépasse de 45 % celui des australopithèques, suggère qu'il possédait peut-être les bases neurologiques de la parole. Quoi qu'il en soit, la découverte de structures d'habitat circulaire témoigne de l'existence chez *Homo habilis* d'une culture relativement complexe.

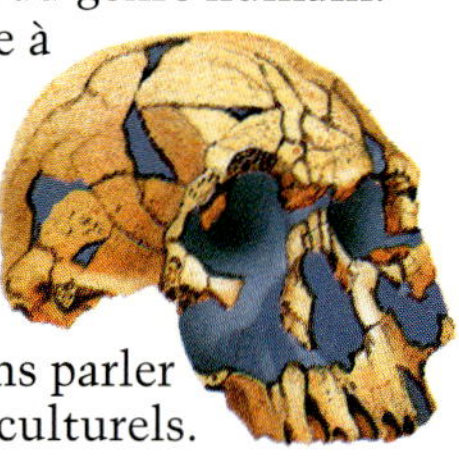

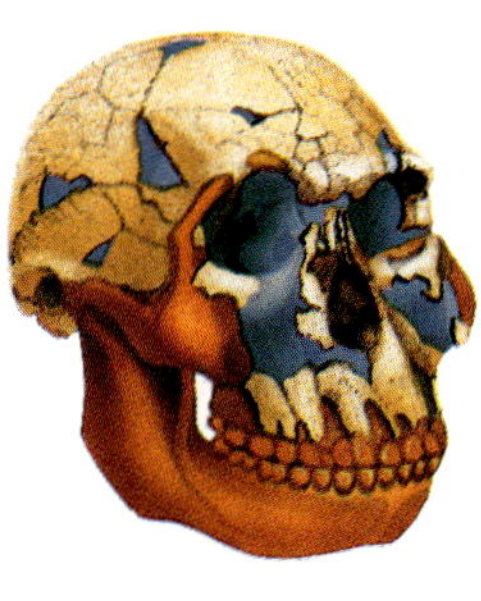

L'outil fait-il l'homme?

Or, au fur et à mesure de l'exploration des grands gisements est-africains, on découvre l'existence d'une très vieille industrie de galets à peine retouchés et

Homo habilis (ci-contre) est sans conteste l'artisan d'un ensemble industriel important, appelé Oldowayen, dont l'essentiel est constitué par des galets taillés sur une ou deux faces.

d'éclats de quartz brisés dont l'âge remonte à près de 3 millions d'années. Ces premiers outils du monde, probablement l'œuvre, cette fois-ci, des australopithèques, témoignent irréfutablement du développement de la pensée, avec ses implications culturelles voire sociales, chez des êtres qui n'étaient pas encore des hommes.

Face aux interprétations souvent contradictoires des restes fossiles d'hominidés, le préhistorien considère qu'un outil, c'est-à-dire un objet naturel transformé délibérément, en dit long sur le degré d'«hominisation» de son auteur. Au demeurant, l'identification de son auteur est très problématique, car, dans le cas de l'Afrique orientale, nous sommes à peu

Le crâne d'*Homo habilis* trouvé à Koobi Fora près du lac Turkana, plus connu sous son numéro d'inventaire au Musée national du Kenya, ER 1470, était à l'origine composé de centaines de fragments osseux, dont l'assemblage demanda plusieurs semaines de patience et d'adresse.

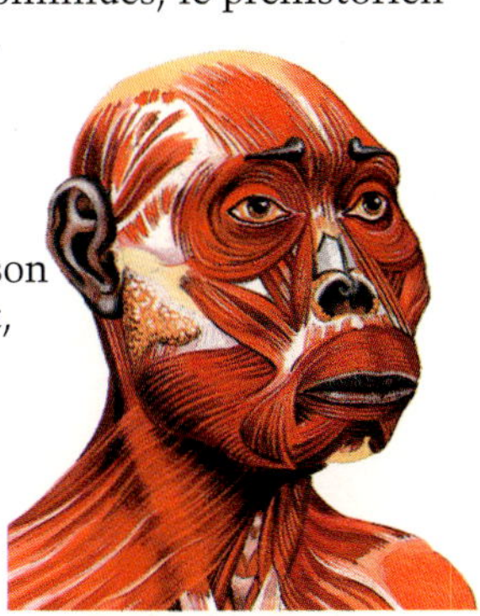

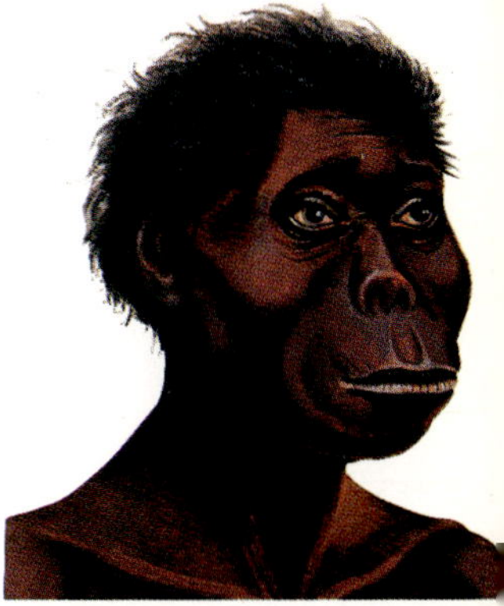

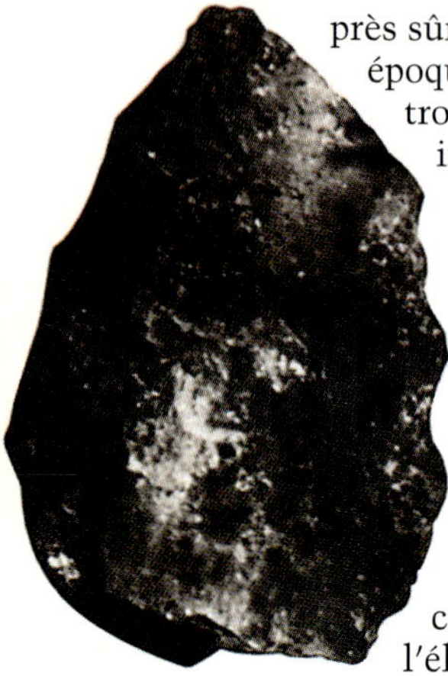

près sûrs de la coexistence à une époque cruciale de deux voire de trois types d'hominidés. Or cette invention, on l'a vu, a été faite indépendamment par deux d'entre eux au moins. Dans un tel cas de figure, il n'est plus assuré que «l'outil fait l'homme». C'est pourquoi de nombreux paléontologues s'en tiennent aux critères anatomiques pour définir l'homme et délaissent le critère culturel. Il est cependant certain que l'élaboration d'outils, même très primitifs, nécessite une suite logique de gestes conçus par une pensée réfléchie. Si, pour le moment, il est très difficile de savoir si les plus anciens hominidés ont remanié ou retouché des matériaux organiques tels que du bois, des os ou des dents, en revanche on est certain que les premiers objets manufacturés en pierre datent de près de 3 millions d'années. Plusieurs gisements en Afrique orientale revendiquent pour le moment cet honneur. Deux d'entre eux sont situés en Ethiopie : l'Afar et l'Omo. Dans le premier, on a découvert des galets taillés, des nucléus et des éclats enfouis dans des cendres volcaniques datées de plus de 2,5 millions d'années. Les galets taillés ont été obtenus en détachant par un choc des éclats sur un galet. Cette taille ne se faisait pas n'importe comment; elle affectait une ou deux faces ou bien encore tronquait le galet dans son

Les plus anciens outils de pierre connus au monde proviennent de trois sites : celui de Kada Gona dans l'Afar, les localités 71 et 123 de l'Omo et celui de Koobi Fora à l'est du lac Turkana au Kenya. Constitués de galets taillés, dans le cas de Kada Gona (en bas), ou de petits éclats de quartz, comme à l'Omo (à gauche), ces outils encore rudimentaires sont datés entre 2,1 et 2,6 millions d'années. Sur cette photo datant des années 1960, Louis Leakey (à droite) désigne à un visiteur l'endroit même où il avait découvert, en 1929, d'innombrables outils en verre volcanique à Kariandusi au Kenya. Dès ce moment-là, Leakey acquit la conviction d'être à même de trouver des vestiges semblables dans la gorge d'Olduvaï.

épaisseur. Ces outils, encore très frustes, servaient sans doute à couper les peaux, racler les écorces et les peaux ou à concasser les os et les coquilles. Le nucléus, quant à lui, est un bloc de pierre, généralement une roche volcanique, dont on a détaché des éclats. Si la technique est identique à celle de la taille des galets, l'intention est différente car il s'agit d'obtenir des éclats qui, fraîchement débités, sont très coupants. A l'Omo, il ne s'agit que d'une industrie de petits éclats très nombreux obtenus à partir de galets ou de nodules de quartz. Si, pendant longtemps, on a considéré que l'acquisition de la station debout libérait la main et permettait dès lors de fabriquer des outils, il apparaît de plus en plus que 2 à 3 millions d'années, voire davantage, séparent l'acquisition de la bipédie, et par conséquent la libération des mains, des premiers outils taillés. Il semble donc que la cérébralisation ait été un facteur indispensable pour concevoir il y a près de 3 millions d'années les gestes techniques nécessaires pour façonner un galet.

2

3

1

4

8

5

Des galets aménagés aux pointes de harpons...

A partir de 1,9 million d'années, l'outil type est le galet aménagé sans préparation spéciale, taillé généralement sur une seule face (**1**) et souvent accompagné d'éclats bruts (**2**). Cet outillage, trouvé tout d'abord à Olduvaï et dont *Homo habilis* fut l'artisan, a servi à définir cette industrie encore rudimentaire : l'oldowayen. Par la suite, on perçoit une évolution du façonnage des galets dont certains sont dès lors taillés sur toute leur surface, aboutissant à des polyèdres ou des sphéroïdes. L'évolution des techniques de taille, qui peu à peu vont s'organiser autour d'une fonction, demeura particulièrement lente durant plusieurs centaines de millénaires avant que l'homme, *Homo erectus* cette fois-ci, ne parvînt à confectionner de nouveaux outils dans une grande variété de roches (**3, 4, 5**) : des couteaux, d'abord assez grossiers à tranchant sinueux, puis, grâce à des gestes de plus en plus précis, de belles amandes de silex à tranchant régulier (**6**).

6

12

9

10

11

13

14

15

16

Inventer l'outil

L'usage de ces bifaces, dits acheuléens (**3, 4**), du nom de la civilisation qui produisit ces outils, de même que celui des hachereaux – outil au tranchant transversal (**5**) –, se maintiendront longtemps avant que d'autres civilisations n'utilisent à nouveau des outils sur éclats mais taillés selon des techniques nouvelles (**7** à **11**). Celles-ci associent désormais des techniques de pression qui consistent à détacher des éclats de la surface d'un nucléus (**12**) à l'aide d'instruments pointus. La confection de tels outils nécessitait parfois une longue série de travaux préparatoires. Ce n'est que vers la fin de la dernière période glaciaire que les chasseurs nomades du paléolithique supérieur apprendront à fabriquer des outils de plus en plus coupants et pointus permettant le travail de l'os et des bois de cervidés pour obtenir poinçons, aiguilles à chas, harpons ou sagaies (**16, 17**).

17

18

On a marché sur la Terre!

L'accroissement du volume du cerveau, siège de la pensée, est l'un des moteurs principaux du phénomène de l'hominisation. De ce point de vue, la frontière de l'hominisation a même été placée arbitrairement aux alentours de 700 à 800 centimètres cubes. Dès lors, atteindre une capacité supérieure, c'est franchir le «Rubicon cérébral». Bien entendu, dans un processus évolutif peu ou prou continu, une telle coupure n'a pas de sens. Cependant, nombre de savants ont toujours pensé, sans en avoir la preuve, que l'acquisition de la posture érigée et de la marche bipède a dû précéder l'accroissement du volume du cerveau. Quand on présente au professeur Dart, au lendemain de la guerre de 1914-1918, le crâne de l'enfant de la grotte de Taung, celui-ci est intimement persuadé que le jeune sujet auquel il appartient se tenait couramment debout. Cette hypothèse était en réalité sans fondement en l'absence d'ossements adéquats – les os des membres et du bassin –, qui seuls auraient permis de s'en assurer. Le soutien à Dart viendra d'un médecin écossais, le docteur Robert Broom ; quelques années après la Seconde Guerre mondiale, celui-ci découvre en effet

L'usage de techniques sophistiquées, comme ces images décomposées de la marche utilisées pour les études de biomécanique de la locomotion des hommes fossiles ou celles obtenues par scanner permettant de visualiser les parties inaccessibles d'un crâne, témoigne de l'extrême spécialisation des paléoanthropologues.

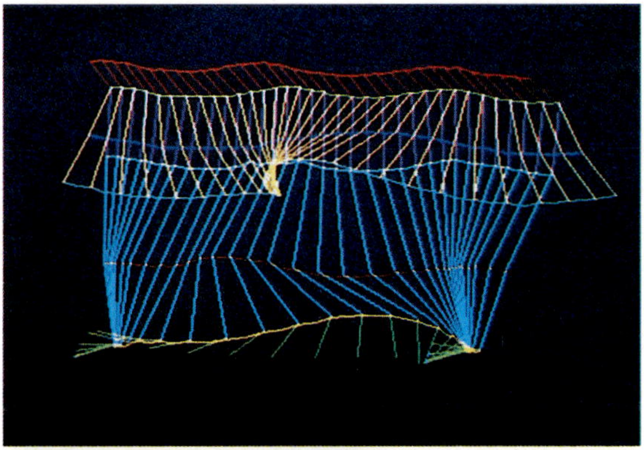

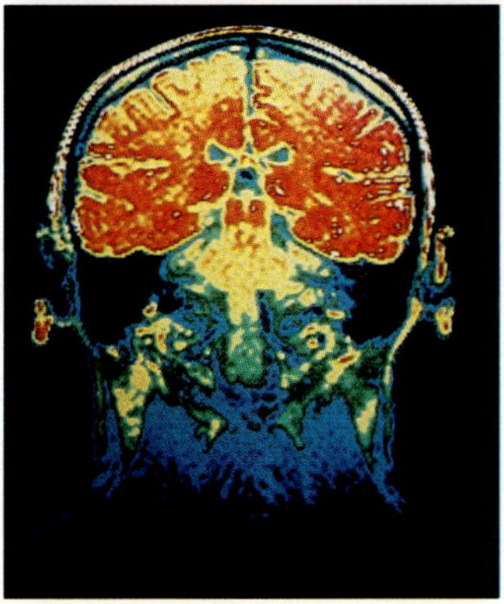

Comme le genre *Australopithecus* avait été fondé sur le crâne d'un enfant, il paraissait nécessaire de trouver celui d'un australopithèque adulte pour confirmer l'hypothèse de Dart. Douze ans après la découverte de l'enfant de Taung, le docteur Robert Broom (page de gauche) découvrait le premier crâne d'un australopithèque adulte dans la grotte de Sterkfontein.

plusieurs os du bassin ainsi qu'une colonne vertébrale dans deux autres grottes d'Afrique du Sud – Sterkfontein et Swartkrans –, qui témoignent d'une manière décisive de l'existence de la station debout chez les australopithèques.

L'éclatante confirmation de l'acquisition à une époque reculée de la locomotion bipède, vint de la découverte, en 1974, du squelette presque complet de Lucy, suivie deux années plus tard par celle d'empreintes de pieds d'allure humaine à Laetoli en Tanzanie. Ces empreintes avaient été laissées dans des cendres volcaniques que l'on a pu dater de 3,6 millions d'années! Pendant deux saisons, aucun des paléontologues qui travaillaient à Laetoli, n'avaient soupçonné leur existence. Ce n'est qu'un soir de septembre, en 1976, que l'un d'eux remarqua parmi de multiples empreintes d'oiseaux, d'éléphants, de rhinocéros et d'autres mammifères deux empreintes qui ressemblaient à celles de pieds humains. L'année suivante, on dégagea une série d'empreintes révélant deux pistes parallèles. Leur étude montra qu'elles avaient été faites par deux individus marchant peut-être côte à côte, l'un mesurant 140 centimètres et l'autre, plus petit, mesurant 120 centimètres. Leur conservation exceptionnelle permit de s'assurer qu'ils marchaient parfaitement debout. L'acquisition de la bipédie se révèle donc très ancienne et remonte probablement bien au-delà de 5 millions d'années!

Ci-dessous, Yves Coppens (à gauche) en compagnie de Donald Johanson.

C'est dans les gisements de l'Afar qu'une équipe franco-américaine, dirigée par Yves Coppens, Donald Johanson et Maurice Taïeb, mit au jour les cinquante-deux fragments osseux d'un australopithèque, connu sous le nom de Lucy d'après une chanson des Beatles à la mode à l'époque. De son vrai nom *Australopithecus afarensis*, cette frêle jeune fille était incontestablement bipède, comme en témoignent son squelette connu à 40 % et ces traces de pas (page de gauche), découvertes à Laetoli en Tanzanie, laissées par des congénères de Lucy quelques centaines de milliers d'années auparavant.

Si l'origine du genre *Homo* est dûment attestée en Afrique avec l'espèce *Homo habilis*, plusieurs fossiles humains attribués généralement à *Homo erectus* témoignent de son apparition sur ce même continent dès 1,7 million d'années. Partant des régions subsahariennes où il a vécu quelques centaines de milliers d'années, l'*Homo erectus* étendra son aire de répartition à l'Afrique du Nord, à l'Asie et sans doute à l'Europe.

CHAPITRE V

LA LONGUE MARCHE D'«HOMO ERECTUS»

Ces *Homo erectus* tentant de se procurer le feu rappellent l'explication rationnelle fournie dès le Ier siècle av. J.-C. par Lucrèce : «C'est la foudre qui a fait descendre sur la terre la première flamme à l'usage de mortels; telle est l'origine de ce feu partout répandu.»

«Homo erectus» : nous leur devons beaucoup

Sous les traits d'une espèce plus évoluée, *Homo erectus*, ces hommes que l'on appelle quelquefois des pithécanthropes – nom qui devrait être réservé aux seuls *Homo erectus* de Java – vont se lancer à la conquête des régions tempérées de tout l'ancien monde. Descendant certainement d'*Homo habilis*, les plus anciens *Homo erectus* apparaissent dès 1,7 million d'années dans la région du lac Turkana au Kenya. Hors d'Afrique, certains atteindront l'Asie, plus précisément Java, vers 1 million d'années. Cependant, plusieurs indices semblent montrer qu'ils aient pu gagner l'Asie, voire l'Europe bien avant. Quoique disséminés assez rapidement sur une aire géographique très vaste et sur une longue période, ces hommes ont tous des traits physiques communs laissant supposer qu'ils appartiennent bien à une seule et même espèce. Certains anthropologues cependant estiment que la notion d'*Homo erectus* correspond davantage à un concept de forme qu'à celui d'une espèce biologique. Quoi qu'il en soit de ce débat, la stature de tous ces *Homo erectus*, qui pouvait atteindre 1,70 mètre, est désormais voisine de la nôtre. En revanche, leur volume cérébral varie entre 750 et 1 250 centimètres cubes.

Tandis que les mâchoires sont robustes et les dents encore volumineuses, le crâne présente un certain nombre de superstructures osseuses particulières, telles qu'une carène sur la voûte du crâne et un épais bourrelet au-dessus des orbites qui forme une sorte de visière. Occupant la scène de tout l'ancien monde pendant près de 1,5 million d'années, ces hommes vont domestiquer le feu pour la première fois. Ce sont eux également qui deviennent petit à petit d'habiles chasseurs et aménagent en même temps les premiers

Depuis 1975, deux crânes fossiles, trouvés sur la rive orientale du lac Turkana, et un squelette d'adolescent quasi complet, récolté à Nariokotome à l'ouest du lac, attribués à *Homo erectus*, suggèrent que l'évolution de cette espèce a commencé en Afrique.

habitats. Inventant une nouvelle technique de taille de la pierre, ils acquièrent très tôt un certain sens de l'esthétique avec la fabrication d'un nouvel outil – le biface – à double symétrie, au tranchant régulier sur le pourtour de ses deux faces convexes.

Vaincre sa peur : la conquête du feu

Les premières traces incontestables d'utilisation du feu sont connues vers 450 000 ans. Il est possible cependant que son utilisation soit apparue bien avant, il y a près de 1,5 million d'années, comme en témoignerait le gisement de Swartkrans. Plusieurs spécialistes insistent sur le fait que l'homme a dû d'abord surmonter sa peur du feu qu'il partageait alors avec tous les animaux. La maîtrise du feu passe donc avant tout par un changement important dans le

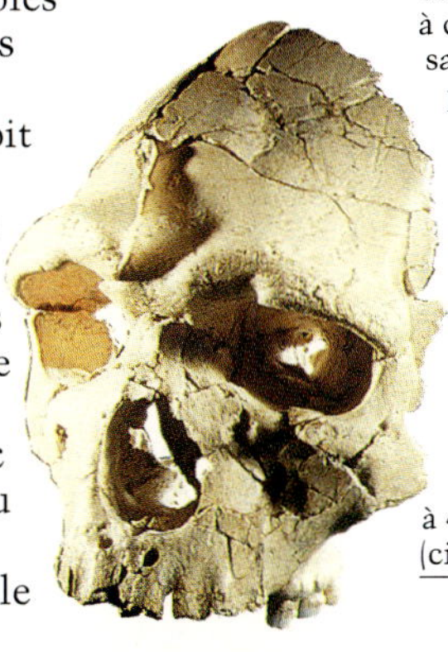

En 1966, à l'occasion de fouilles de sauvetage entreprises par Henry de Lumley sur les pentes du mont Boron à Nice, plusieurs niveaux d'occupation préhistoriques furent mis au jour, correspondant à des campements saisonniers établis par des chasseurs il y a 380 000 ans (ci-dessus). Cinq ans plus tard, le préhistorien français découvrit dans les Pyrénées-Orientales, dans la grotte de l'Arago à Tautavel, le plus vieux crâne humain d'Europe, remontant à 450 000 ans (ci-contre).

comportement qui consiste à dominer et à vaincre sa peur. A partir de ce moment, l'usage du feu et sa production ont dû se développer très rapidement. Si nous sommes à peu près sûrs que les *Homo erectus* ont utilisé à plusieurs reprises les braises produites par des incendies naturels de forêts, nous ignorons en revanche comment l'homme a appris à produire le feu et à le maîtriser. Des techniques simples, encore utilisées aujourd'hui, employant des briquets de silex ou le frottement de deux baguettes de bois, ont sans doute été découvertes très vite par les *Homo erectus*.

Les foyers aménagés découverts sur les sols d'habitats de Terra Amata (ci-contre) constituent, avec ceux de Vertesszöllös près de Budapest en Hongrie et de Torre in Pietra en Italie, les plus anciens témoignages de la maîtrise du feu. A Terra Amata, c'est au centre même de la hutte que les hommes préhistoriques avaient installé leur foyer sous la forme d'une petite cuvette creusée à même les sables dunaires du littoral et qu'ils protégeaient des vents dominants par un petit muret en galets.

Le feu qui rassemble

Si la production du feu en elle-même n'est pas une invention fondamentale, en revanche, ses répercussions sont nombreuses. Le feu est d'abord source de chaleur, ce qui n'était peut-être pas très utile à l'époque. Source de lumière, le feu permet de se libérer du rythme naturel et d'occuper par exemple les profondeurs des grottes. Le feu est également un puissant moyen de se protéger des fauves. Enfin, le feu permet la cuisson des aliments, qui semble être apparue en même temps que l'usage du feu. Or celle-ci implique que les repas soient pris en commun. Le fait de manger en se réunissant est un acte de forte cohésion sociale ou familiale, comme il l'est encore aujourd'hui. La maîtrise du feu a donc joué un rôle majeur dans l'évolution des sociétés humaines. La guerre du feu a-t-elle eu lieu ? On ne peut y répondre. Il semble cependant que ces hommes qui étaient des chasseurs-collecteurs aient été pacifiques. En effet, aucun ossement fossile durant cette longue période ne porte de trace de violence. Les premiers indices tangibles apparaissent seulement au cours du néolithique, lorsque les civilisations deviendront de plus en plus sédentaires.

Depuis quand l'homme a-t-il appris à parler?

Bien avant que les préhistoriens se penchent sur ce casse-tête, les penseurs et les philosophes se sont passionnés, dès la plus haute Antiquité, pour ce problème. Tandis que certains se demandent si la pensée pouvait exister sans la parole, d'autres assurent qu'Adam et Eve parlaient bien en hébreu, à ce que prétendent alors les commentateurs de la Bible.

Les premiers *Homo erectus* de Chine furent découverts dans la grotte de Zhoukoudian près de Pékin, grotte qu'ils occupèrent durant plus de 200 000 ans ! Après l'effondrement de son toit, ils durent se réfugier dans la partie ouest de la grotte qu'ils finirent par abandonner après son comblement. Ils connaissaient manifestement l'usage du feu, comme en témoigne l'existence de quatre couches de cendre, dont l'une atteignait 6 mètres d'épaisseur par endroits.

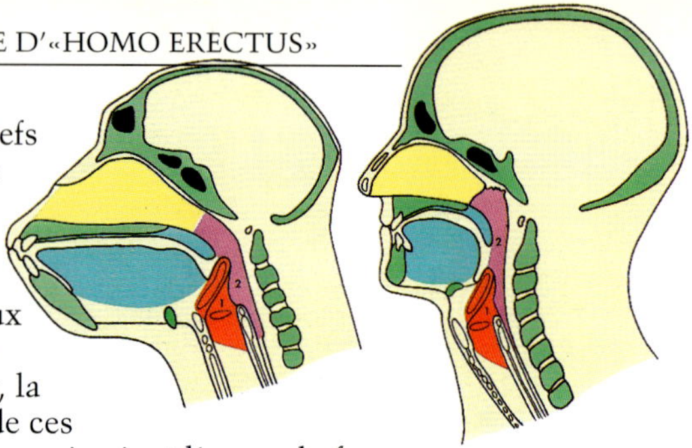

Aujourd'hui, si l'on ne détient toujours pas les clefs du problème, bon nombre de préhistoriens ont acquis la conviction que les *Homo erectus* communiquaient entre eux par la parole avec plus ou moins d'habileté. En effet, la complexité de la culture de ces fabricateurs d'outils qui connaissaient l'usage du feu et vivaient de la chasse et de la cueillette est telle que ces hommes devaient nécessairement nommer les objets, les plantes, les animaux, identifier les lieux, échanger leurs idées.

L'étendue de leurs activités exigeait sans nul doute la mise en œuvre de moyens de communication déjà très élaborés, bien supérieurs à ceux employés par les singes. Certes, ce point de vue ethnologique n'emporte pas toujours l'adhésion. Des reconstitutions de l'appareil vocal de quelques hommes fossiles, quoique très controversées, semblent indiquer que l'acquisition du langage est un phénomène plus récent. Quoi qu'il en soit, même rudimentaire, ce langage composé de phrases simples prononcées lentement a pu être accompagné d'un grand nombre d'autres signaux acoustiques ou visuels : cris, sifflements, mimiques faciales. Ces hommes ont également pu recourir au langage manuel à l'instar du langage des sourds-muets ou de celui utilisé dans certains cas par des tribus de Nouvelle-Guinée ou par les Bochimans.

Chez l'homme, le larynx (en rouge) est situé plus profondément dans la gorge que chez le chimpanzé. Au-dessus du larynx, le pharynx (en rose), qui joue le rôle d'un tuyau d'orgue, sert à amplifier les sons émis par les cordes vocales. Au cours de l'évolution humaine, l'acquisition du langage est passée par une descente du larynx qui a eu pour résultat d'augmenter le volume du pharynx.

Les «os de dragons», en réalité des dents d'animaux fossiles, sont connus de tous les apothicaires chinois; broyés pour être vendus sous la forme d'une poudre réputée pour ses vertus médicinales, leur usage remonte, dit-on, à la dynastie Song (690-1279 av. J.-C.).

Les mésaventures de l'homme de Pékin

Les premiers indices de l'existence d'hommes fossiles en Chine remontent au début du siècle, époque à laquelle sont retrouvées dans les pharmacies chinoises des dents isolées qui, réduites en poudre, sont censées tout soigner. L'une d'entre elles est attribuée à un homme primitif. Les dents proviennent de l'exploitation des calcaires pour les fours à chaux, dans les grottes de la «Colline des os du Dragon», non loin de Pékin. Des fouilles méthodiques sont entreprises après la première guerre dans la plus vaste de ces grottes, d'où sont extraites en 1926 deux dents auxquelles vient s'ajouter une troisième dent l'année d'après. Les restes de cet homme primitif sont baptisés

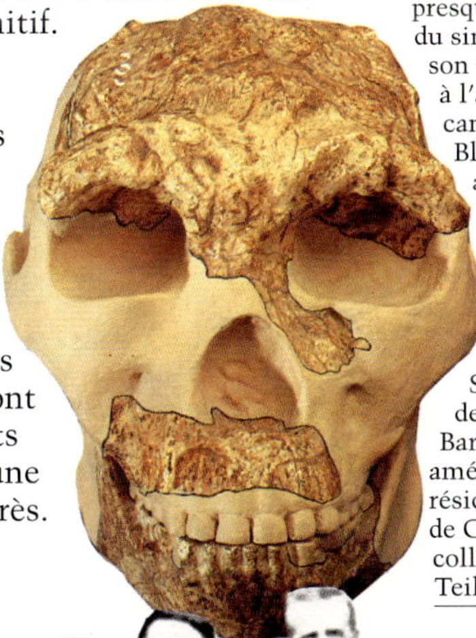

Après trois années de labeur à Zhoukoudian, le Docteur Pei à la tête de l'équipe chinoise découvrit dans la nuit de Noël 1929 le premier crâne presque complet du sinanthrope; son étude fut confiée à l'anatomiste canadien Davidson Black que l'on aperçoit ici entouré du père Teilhard de Chardin, alors conseiller scientifique auprès du Service géologique de Chine, de G. B. Barbour, géologue américain de renom résidant à Pékin, et de C. C. Young, collaborateur de Teilhard.

Sinanthropus pekinensis, c'est-à-dire «homme chinois de Pékin». Cette découverte est le point de départ d'un grand branle-bas avec l'ouverture d'importants chantiers de fouilles qui s'échelonnent jusqu'en 1937, lorsque la situation politique en Chine, pour la seconde fois en guerre avec le Japon, devient critique. A la veille de la guerre, on estime à quarante-cinq le nombre d'individus dont les restes ont été exhumés. En 1941, devant l'avancée particulièrement menaçante des troupes japonaises, la Chine décide d'envoyer les restes des sinanthropes aux Etats-Unis. Soigneusement empaquetés, ils sont remis à un détachement de marines américains qui doivent s'embarquer quelques jours plus tard pour l'Amérique. Or le bâtiment de guerre sur lequel les soldats américains auraient embarqué fut coulé. L'opinion courante admet que les sinanthropes reposent quelque part en mer Jaune à moins de 200 mètres de fond, au milieu des squelettes de marines américains.

Trouvée en 1906 dans une sablière près du village de Mauer dont on voit ici la coupe, la mâchoire de l'homme de Mauer, massive et munie de dents volumineuses, ne possède pas la saillie du menton caractéristique des hommes modernes.

Les traces des premiers hommes en Europe

Le plus vieux fossile humain d'Europe, une mâchoire inférieure découverte à Mauer non loin de Heidelberg, n'a guère plus de 600 000 ans. Il y a peu de temps encore, on supposait que la colonisation de l'Europe à partir de l'Afrique était bien plus tardive que celle de l'Asie. Depuis quelques années cependant, plusieurs découvertes nous ont amenés à reconsidérer ce point de vue. Ces découvertes se réduisent toutefois

à quelques galets aménagés et outils sur éclats. Pour l'heure, il semble que ce soit le site de Chilhac qui ait fourni les plus anciens témoignages de la présence humaine en Europe. Situé en Auvergne, Chilhac a livré plusieurs outils en pierre, en association avec une faune datant de près de 1,5 million d'années ! A partir de 900 000 ans environ, un grand nombre de sites soit de plein air, soit de grottes sont connus en France (Blassac, Soleihac, Wimmereux, grotte du Vallonet, etc.) ainsi que dans les autres pays d'Europe occidentale et d'Europe centrale. Il semble malgré tout que le peuplement humain en Europe ait été assez clairsemé durant la longue période glaciaire dite de Mindel. A la faveur de conditions climatiques plus clémentes, durant l'interglaciaire Mindel-Riss, l'implantation humaine devient de plus en plus dense. Si l'ancienneté du peuplement humain en Europe est désormais certaine, en revanche nous n'avons toujours pas réussi à identifier ces hominidés.

Surplombant la plaine de Tautavel, la grotte de l'Arago constituait, il y a 450 000 ans, une halte de chasse idéale pour les hommes préhistoriques. Sur les pentes escarpées, ils y traquaient les mouflons antiques, les thars et les chamois. Au-dessus de la grotte, sur le plateau où s'étendaient des prairies à graminées, paissaient des troupeaux d'aurochs, de bisons et de bœufs musqués.

Sous le soleil des tropiques

Louis Leakey et sa femme Mary en compagnie de leur fils Philip procèdent, au début des années 1960, au décapage minutieux, niveau par niveau, de la couche I, la plus ancienne d'Olduvaï où fut trouvé le crâne du zinjanthrope.
La fouille, effectuée sur une superficie de 330 mètres carrés, permit de repérer un ancien sol d'occupation. Les restes osseux et les outils taillés abandonnés par un groupe d'hominidés ayant campé là il y a plus de 1 750 000 ans furent rapidement enfouis sous les argiles déposées lors de la remontée des eaux du lac d'Olduvaï.

Jeux de la nature et jeux de patience

Le dégagement du crâne du zinjanthrope à Olduvaï fut une entreprise de longue haleine. Durant dix-neuf jours, sous une chaleur accablante, Mary et Louis Leakey, en proie à une intense émotion, s'acharnèrent à rassembler les quelque quatre cents fragments osseux qui subsistaient du crâne. L'excavation achevée, Louis Leakey indique la position stratigraphique précise du crâne du «Zinj» sur la coupe témoin, dont les parois creusées verticalement montrent l'empilement des dépôts lacustres alternant avec des niveaux de cendres volcaniques (page de gauche).

Les gisements d'Olduvaï comme ceux du lac Turkana au Kenya ont livré quantité d'ossements d'un éléphant étrange, le *Deinotherium*, qui, contrairement aux éléphants actuels, n'avait pas de défenses à la mâchoire supérieure. Curieusement, en revanche, la mâchoire inférieure recourbée à angle droit vers le bas était prolongée par deux défenses elles-mêmes recourbées vers l'arrière (photo ci-contre).

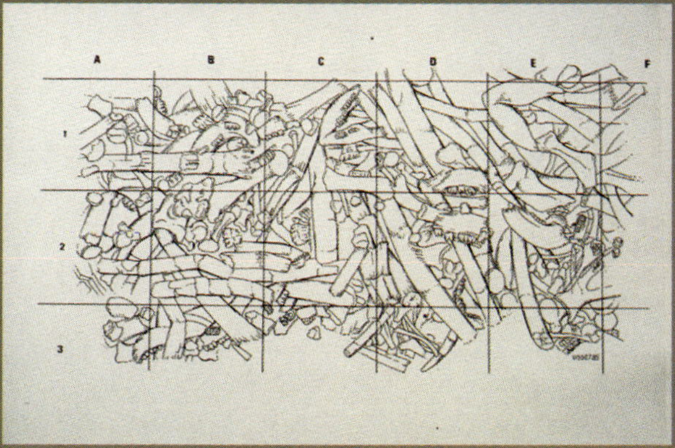

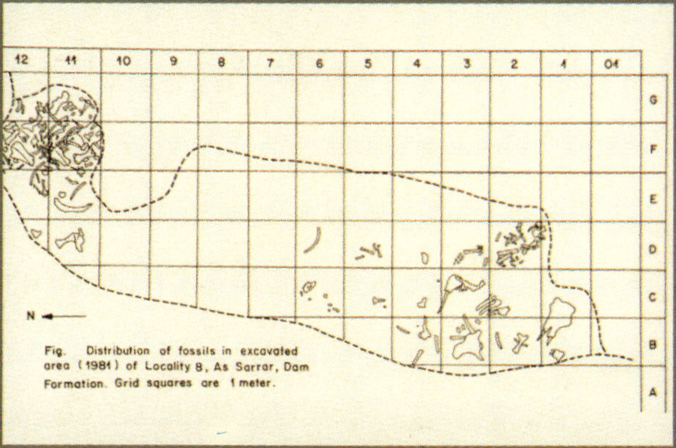

Une lecture horizontale et verticale

De nombreux gisements préhistoriques offrent une forte concentration de vestiges divers, tel cet extraordinaire enchevêtrement d'ossements de mastodontes qui se sont déposés pêle-mêle il y a près de 5 millions d'années. Il est dès lors indispensable de procéder à une fouille méticuleuse, où chaque objet est repéré dans un plan horizontal selon un quadrillage de 1 mètre de côté avant d'être enlevé et catalogué (pages 100-101). L'établissement de plans détaillés permet d'étudier et d'interpréter ultérieurement les éventuelles associations d'objets. La disposition et l'orientation de restes osseux, comme ceux de ce rhinocéros (en bas à gauche) trouvé en Arabie Saoudite, rendent compte du sens et de l'énergie des courants lors de leur enfouissement. Le relevé méticuleux des pièces d'un site, en donnant une vue d'ensemble à la fois horizontale et verticale par superposition des différents relevés, permet de reconstituer la chronologie des événements du passé et les activités humaines.

MAXIME FAIVRE

Au cours des derniers 200 000 ans, l'histoire de l'humanité, soumise à d'importants changements climatiques, devient de plus en plus complexe. Les événements se précipitent : innovations techniques, émergence de préoccupations spirituelles, sociétés de plus en plus rituelles et apparitions des sentiments esthétiques. Dès lors, l'évolution culturelle prendra le pas sur l'évolution biologique.

CHAPITRE VI

DE NEANDERTAL À LASCAUX

Quelque 15 000 ans séparent ces deux peintures figuratives. L'une symbolise les préoccupations des chasseurs de l'âge du renne. La scène de genre témoigne de l'esprit scientifique et didactique qui émerge en cette seconde moitié du XIXe siècle, cherchant à rendre intelligible ce monde disparu qui lui semblait si pittoresque.

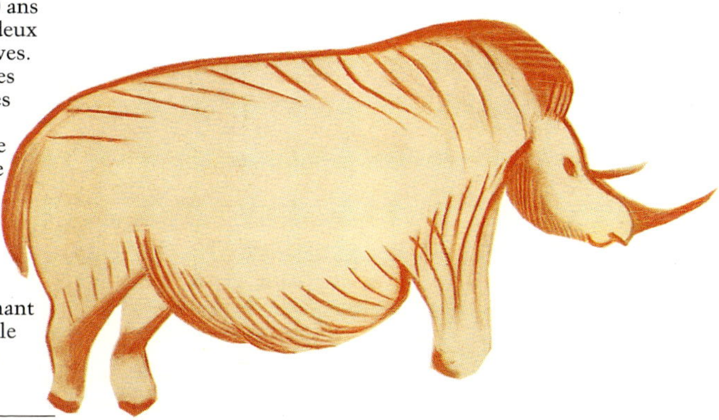

Parmi les artistes ayant représenté la vie des hommes préhistoriques, le Tchèque Zdenek Burian (1905-1981) tient une place à part. Héritier des peintres académiques de la fin du XIXe siècle par ses reconstitutions réalistes et pittoresques, Burian s'en éloigne par sa vision à la fois plus scientifique et plus humaine comme dans cette représentation de l'homme de Mauer (ci-dessus).

Une transition difficile

Quand, comment et où les *Homo erectus* vont-ils donner naissance aux *Homo sapiens*? L'origine des *sapiens* est l'un des problèmes de la paléontologie humaine les plus difficiles à résoudre. L'intervalle de temps compris entre 600 000 ans et 200 000 ans qui voit à deux reprises l'Europe se recouvrir d'une calotte glaciaire (glaciation de Mindel et glaciation de Riss) est en effet l'une des périodes les plus obscures de l'histoire de l'humanité.

Assez paradoxalement, si les australopithèques sont relativement bien connus – on dénombre plus d'un millier de spécimens et des dizaines de crânes –, les vestiges humains de cette époque sont plutôt rares. D'autre part, les datations sont entachées de nombreuses incertitudes. L'étude de la faune permet en général de donner un âge approximatif fondé en Europe sur l'alternance des glaciations et des périodes plus tempérées, les interglaciaires. Si l'essentiel des restes humains a été trouvé précisément en Europe occidentale et quelques-uns en Afrique du Nord, on aurait tort de conclure à leur inexistence ailleurs.

Non seulement d'immenses régions du globe restent encore inexplorées, mais encore l'âge de certains gisements est toujours mal connu (Broken Hill en Zambie et Hopefield en Afrique du Sud). Enfin, bien des gisements de cette époque, qui s'étendent depuis le Maghreb jusqu'en Chine, témoignent, par leurs outillages de pierre, de l'existence de ces hommes, les derniers *Homo erectus*. En Europe, une dizaine de sites ayant livré des restes humains sont autant de casse-tête pour les préhistoriens. Ils ont pour noms Bilzingsleben, Petralona, Mauer, Atapuerca, Bexgrove, Montmaurin, Vertesszöllös, Swanscombe, Steinheim et l'Arago. Que nous enseignent-ils ?

Deux populations humaines

Bien que les querelles d'école soient inépuisables, en raison de la nature fragmentaire de ces restes, on estimait jusqu'à présent avoir affaire à deux populations évoluant parallèlement en Europe, l'une conduisant vers les néandertaliens dits classiques (80 000 à 35 000 ans), l'autre aboutissant aux *Homo sapiens* modernes, véritables ancêtres des hommes actuels. Si l'on parle d'*Homo sapiens*

Les néandertaliens ont acquis un certain degré de complexité technologique que reflète l'évolution de leur outillage. L'obtention d'outils de plus en plus sophistiqués, qui va de pair avec la diversification des fonctions – couper, percer, gratter –, est également liée au développement de l'organisation sociale, chaque technique nouvelle devant être transmise au groupe. L'outil, en dehors de sa fonction propre, devient dès lors un «objet social».

Ce dessin aux traits spontanés dû au célèbre préhistorien Henri Breuil résume d'une manière naïve sa vision de l'organisation sociale des hommes du Neandertal.

De très nombreuses statuettes féminines connues sous le nom de «Vénus», sculptées dans la pierre ou l'ivoire, parfois gravées (comme la Vénus à la corne de Laussel, ci-contre), ont été retrouvées dans les gisements du paléolithique supérieur dans toute l'Europe et jusqu'en Sibérie. En Europe, ces Vénus ont souvent des formes très charnues, des seins volumineux, un ventre saillant, des hanches débordantes et une stéatopygie marquée. Rares sont les traits des visages, comme sur cette figurine trouvée au siècle dernier dans une grotte à Brassempouy dans les Landes et qui précède de quelques millénaires la grande époque de l'art pariétal des cavernes représenté par Lascaux. Ces statuettes, sans aucun doute, nous restituent la conception de la femme qui fut celle des civilisations du paléolithique supérieur : femme au statut matriarcal ou femme-mère détentrice d'une puissance demeurée magique liée à la fécondité qui assure la pérennité du groupe.

moderne, c'est que les néandertaliens sont également des *Homo sapiens* dont ils ne seraient qu'une sous-espèce ; c'est pourquoi on les a baptisés du nom scientifique *Homo sapiens neanderthalensis*. Des études récentes ont montré qu'en réalité seule la lignée aboutissant aux néandertaliens était présente en Europe occidentale. Ces néandertaliens, dont les caractères anatomiques si particuliers apparaissent peu à peu vers 300 000 ans au sein des populations européennes, colonisèrent vers 70 000 ans toute l'Europe péninsulaire et gagnèrent par la suite le Proche-Orient et l'Asie centrale. L'autre lignée, conduisant à l'homme actuel, serait à rechercher hors d'Europe, peut-être en Afrique. D'après ce scénario, des *Homo sapiens* anatomiquement modernes, originaires du continent noir, auraient atteint vers 100 000 ans l'Afrique du Nord et le Proche-Orient. Or c'est précisément dans cette dernière région du globe, dans la grotte de Qafzeh près de Nazareth en Galilée, que l'on a trouvé les plus anciens squelettes humains modernes.

L'heure de la glaciation du Würm

Quoi qu'il en soit de cette nouvelle vision de l'évolution récente de l'homme, l'émergence de l'homme moderne, de même que celle des

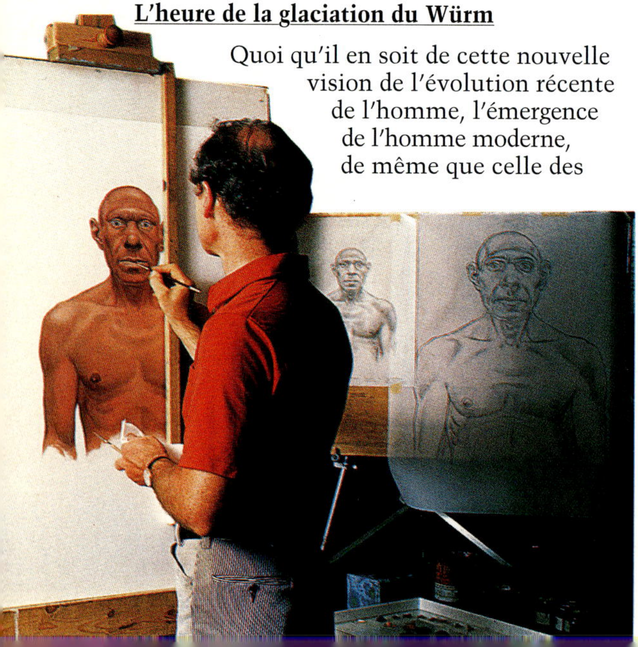

Cette double sépulture d'une jeune femme ayant à ses pieds un enfant de six ans datant de près de 100 000 ans, découverte dans la grotte de Qafzeh près de Nazareth en Israël, est la plus ancienne sépulture connue. Les fouilles conduites à Qafzeh dès 1933 avaient permis d'exhumer cinq squelettes humains. Entre 1965 et 1975, le préhistorien français Bernard Vandermeersch découvrait à son tour de nouveaux ossements humains appartenant à six adultes et sept enfants et dont plusieurs, en particulier un adolescent, avaient fait l'objet d'une sépulture. Tous présentaient de nombreuses ressemblances avec les Cro-Magnons européens apparus quelque 60 000 ans plus tard.

Les techniques de reconstitution de l'aspect physique des hommes de Neandertal se sont considérablement perfectionnées depuis le premier portrait exécuté en 1888 par Schaaffhausen. Malgré tout, de nombreuses inconnues demeurent, telles la forme du nez, des lèvres, la couleur de la peau, la pilosité de la face et la chevelure.

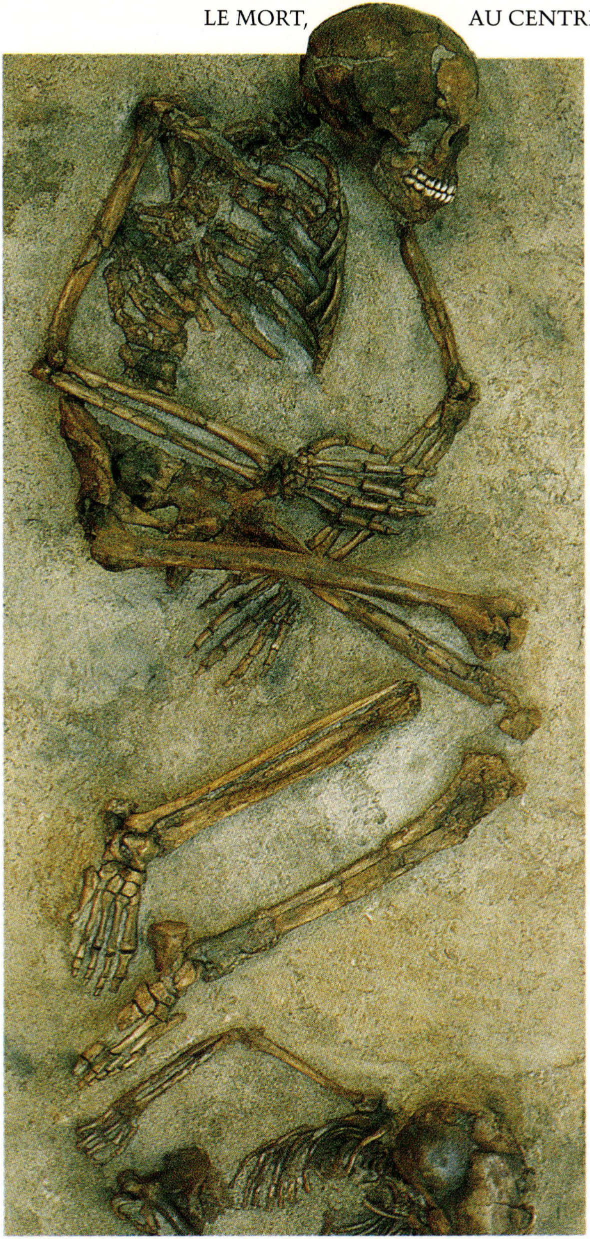

L'utilisation d'objets naturels à partir de 40 000 ans témoigne des premières préoccupations d'ordre esthétique ou religieux. Cinq mille ans plus tard, avec le début de la civilisation du châtelperronien, apparaissent les premiers objets de parure, des pendeloques faites souvent de dents d'animaux percées d'un trou circulaire ou portant une rainure pour leur suspension. Le choix sélectif de ces dents, fréquemment de

carnassiers – renard, ours, loup, hyène –, suggère que les artisans cherchaient à bénéficier des vertus supposées de ces animaux. Par ailleurs, le port de tels objets de parure était peut-être destiné à marquer les différences d'âge ou de sexe, voire de statut social des individus.

néandertaliens, coïncident justement avec le début de la dernière grande époque glaciaire, dite du Würm, du nom d'un des affluents du Danube. Plusieurs phénomènes de natures océanique, atmosphérique et astronomique ont provoqué il y a 100 000 ans un refroidissement climatique important qui s'acheva il y a 10 000 ans à peine. Ce refroidissement fut dû en effet à des changements de l'orbite de la Terre autour du Soleil et de l'inclinaison de l'axe de rotation du globe, amplifiés par de profondes modifications des courants marins polaires et des variations de la teneur en gaz carbonique de l'atmosphère.

Dans l'hémisphère Nord, les paysages ainsi que les contours des terres et des mers en seront profondément modifiés. Lors des froids maximaux, il y a 18 000 ans, alors que l'épaisseur des glaces atteint par endroits 3 kilomètres, les calottes glaciaires qui gagnent en extension font baisser le niveau des mers de 120 mètres. Du coup, un pont continental de plus de 1 000 kilomètres reliera l'Alaska à la Sibérie.

Au cours de cette époque, en Europe occidentale, les néandertaliens connaissent des conditions d'existence très variées. Le climat qui y règne est

Il y a 18 000 ans, une calotte de glace recouvrait toute la Scandinavie, la mer Baltique, une partie de la mer du Nord et des îles Britanniques ainsi que les plaines de l'Allemagne du Nord.

tantôt froid et sec, tantôt doux et humide. Quelquefois, il est d'une extrême rigueur polaire, avec un sol gelé toute l'année. Aussi ces hommes de Neandertal habitent-ils des milieux très divers, installés dans des campements de plein air ou occupant des abris sous roches et des grottes. Alors que certains vivent dans les régions de steppes aux abords des grands glaciers, où broutent les rennes, les mammouths et les rhinocéros laineux, d'autres peuplent les forêts de pins et de chênes, d'autres encore parcourent la toundra de l'Europe du Nord.

Plusieurs squelettes complets de néandertaliens permettent d'en dresser un portrait robot très fidèle. Assez petits, courts de jambe mais trapus, ces hommes ont une tête volumineuse étirée vers l'arrière. Tandis que leur nez est saillant et leurs pommettes effacées, leur front bas est muni d'un fort bourrelet osseux surplombant les orbites. Par leur puissante musculature, leur forte carrure et surtout par leur tête, les néandertaliens ont longtemps incarné la bestialité que l'on se plaisait à imaginer chez les hommes préhistoriques. Pourtant, leurs préoccupations de nature spirituelle, leurs outils très façonnés,

Au cours de la dernière grande glaciation, l'Europe était couverte d'une mosaïque de steppes, de toundras, de prairies et de forêts dont l'extension variait selon les fluctuations climatiques. Les hommes de Neandertal, cantonnés en grande partie dans ces régions, ont vécu souvent au cœur du froid côtoyant tantôt les mammouths, les ours des cavernes, les rhinocéros laineux, tantôt la faune des toundras, rennes et bœufs musqués, ou bisons, aurochs et chevaux dans les steppes et les prairies.

Le mammouth est sans aucun doute l'animal préhistorique qui a le plus frappé notre imagination. C'est le sujet de prédilection des artistes contemporains, comme de nos ancêtres si l'on en juge par leurs œuvres peintes et gravées. Le mammouth sous la forme la plus récente, *Mammuthus primigenius*, couvert d'une épaisse fourrure dont certains poils pouvaient atteindre 1 mètre, est apparu durant l'avant-dernière glaciation vers 300 000 ans et a disparu subitement il y a quelque 12 000 ans. Répandu dans toute l'Europe et l'Asie, sous une forme d'assez petite taille proche de celle de l'éléphant d'Asie actuel, il a colonisé l'Amérique du Nord en franchissant le pont terrestre qui reliait l'Alaska à la Sibérie lors des maxima glaciaires.

résultats d'une technique dont l'apprentissage n'a pu se faire sans le secours du langage, leurs techniques de chasse en font aujourd'hui des hommes tout à fait honorables. Leur cerveau est d'ailleurs si vaste qu'il dépasse souvent la moyenne de la capacité cérébrale des hommes actuels. Artisans d'une industrie de pierres taillées très élaborée dite moustérienne, ils façonnent des outils à partir d'éclats, pour obtenir des pointes et des racloirs dont certains seront finement retouchés.

Anthropophagie rituelle?

Les néandertaliens, tout comme les premiers hommes modernes, nous ont livré les plus anciens témoignages sur les sentiments qu'ils ont pu éprouver à l'égard de la mort. C'est la première fois en effet que des hommes vont enterrer leurs morts. La découverte de telles sépultures est toujours inespérée pour les paléontologues qui, mis à part les cas exceptionnels de Lucy, d'un jeune *Homo erectus* à West Turkana (Kenya) et du prénéandertalien d'Altamura (Italie) découvert récemment, disposent ainsi de squelettes complets, du fait d'une protection volontaire des corps contre les animaux charognards. Certains cadavres ont été retrouvés en position semi-fléchie : c'est le cas d'un homme et d'une femme adultes dans la grotte de la Ferrassie en Dordogne, sépulture familiale où sont rassemblés, outre les corps de ces deux adultes, cinq enfants dont un fœtus et deux nouveau-nés.

Si de telles traces d'inhumations sont fréquentes en France, d'autres sont connues en Italie, en Palestine, plus à l'est en Asie centrale, mais aussi en Irak avec la célèbre grotte de Shanidar où neuf individus ont été retrouvés à des profondeurs variables, le plus ancien remontant à 70 000 ans. Des outils, des objets façonnés et des fleurs dans le cas de Shanidar – des bleuets, des chardons et des roses trémières – les accompagnent parfois. Ces fleurs, connues pour leurs vertus médicinales, laissent supposer que le défunt a pu être honoré pour ses pouvoirs de guérisseur,

Les sépultures sont l'expression d'une certaine attitude des hommes du paléolithique supérieur face à la mort. Le traitement réservé aux morts, qui ne concerne généralement que quelques individus du groupe, est très diversifié, comme en témoignent la sépulture magdalénienne de Saint-Germain-la Rivière en Gironde, où la tête du défunt était protégé par des dalles (ci-dessous), ou la disposition très variée des corps dans les sépultures des grottes de Grimaldi près de Menton (pages suivantes).

C'est dans la grotte de la Chapelle-aux-Saints en Corrèze qu'eut lieu en 1908 la première découverte d'une pratique sépulcrale : un homme de Neandertal enseveli au fond d'une fosse creusée à même le sol. Ce dessin schématique, qui reproduit la disposition du corps tel qu'il fut trouvé, figurait sur le brouillon du procès-verbal établi par l'abbé Breuil en 1909.

à moins qu'il s'agisse de simples ornements.

Toutes ces inhumations, obéissent à certains rites qui sont le reflet des préoccupations de la vie dans l'au-delà, comme, peut-être, celle de l'enfant du site de Teschik Tach en Ouzbékistan, que l'on aurait retrouvé entouré de cornes de bouquetins. Certaines de ces inhumations semblent avoir été liées à des pratiques anthropophages. Dans la grotte de l'Hortus (Hérault), plusieurs ossements humains ont été retrouvés mêlés à des déchets de cuisine. De même, dans les gisements de Krapina en Yougoslavie, de nombreux os longs humains portent des traces de calcination. Ces deux exemples, quoique contestés, illustrent peut-être l'existence d'une anthropophagie rituelle comme on en rencontre encore de nos jours chez certaines peuplades d'Afrique et de Mélanésie. Quoi qu'il en soit, cela témoigne de préoccupations spirituelles qui tranchent avec la nature fruste des néandertaliens que la littérature leur a longtemps prêtée.

Si en Europe la civilisation magdalénienne a laissé de nombreuses traces d'habitats de plein air ou installés dans des abris naturels, en Europe centrale et jusqu'en Sibérie, les chasseurs, à la même époque, ont édifié de vastes habitats à l'aide d'ossements et de défenses de mammouths. Le site du village de Méziritch en Ukraine est à cet égard particulièrement spectaculaire : la première assise du mur de chaque cabane est à elle seule constituée de près d'une centaine de mâchoires inférieures de mammouths emboîtées les unes dans les autres.

«Homo sapiens sapiens» : l'envahisseur venu d'Orient

Pour des raisons encore mystérieuses, ces hommes, dont les derniers représentants sont connus dans les niveaux à industrie du châtelperronien, vont disparaître soudainement vers 35 000 ans. Ils cèdent alors la place à des hommes de type moderne ne possédant plus aucun des traits physiques si caractéristiques des néandertaliens. La plupart des anthropologues admettent dès lors que l'apparition de l'homme moderne en Europe ne peut être liée à une évolution sur place à partir des néandertaliens. De leur côté, les préhistoriens ont observé une rupture franche, dans l'évolution des techniques de taille, entre les outillages de pierre du châtelperronien dus aux derniers néandertaliens et ceux plus récents de la civilisation de l'aurignacien. Cette coupure coïncide également avec l'apparition des premières manifestations de l'art figuratif et d'une technologie de travail de l'os, plus élaborée avec l'émergence des bâtons percés et des sagaies.

Cette coïncidence entre les faits biologiques et culturels suggère que le remplacement des néandertaliens s'est effectué par suite de l'invasion de l'Europe occidentale par les hommes modernes venus de l'Orient. Dans cette éventualité, il paraît hors de

De nombreux objets décorés, gravés ou sculptés, représentant très souvent des animaux, comme dans le cas de ces propulseurs, traduisent la richesse et le sens artistiques des chasseurs magdaléniens. De telles armes de jet, dont l'une des extrémités se terminait par un crochet, permettaient de lancer par un mouvement rapide du bras et du poignet des sagaies finement taillées dans des bois de renne.

doute que des métissages se soient produits entre les deux populations. Mais qui sont ces envahisseurs ?

Par leurs traits physiques – un crâne élevé avec un front haut, une face aux pommettes saillantes et un menton bien dégagé –, ce sont les premiers hommes modernes, les *Homo sapiens sapiens*, ancêtres directs des hommes de Cro-Magnon.

Avec les hommes de Cro-Magnon apparus en Europe il y a 35 000 ans, ces chasseurs-cueilleurs ressemblent définitivement aux humains actuels à tel point que l'on a pu dire que si l'homme de Cro-Magnon s'était promené en complet veston à Paris, personne sans doute ne l'aurait remarqué !

Cette lampe en grès rose soigneusement façonnée et décorée par des signes en chevrons a été trouvée dans le fond de la grotte de Lascaux de même que d'autres lampes faites de simples pierres creuses. On y mettait des morceaux de suif et une mèche de genévrier dont la combustion permettait de s'éclairer une heure durant.

Cro-Magnon : l'art des cavernes

L'un des aspects les plus saisissants de la pensée des hommes de Cro-Magnon est l'épanouissement des sentiments esthétiques, étroitement liés à la religion ou à la magie et qu'ils exprimeront par les gravures, les peintures, les sculptures et les parures. L'utilisation des ocres, dont les teintes varient suivant le minerai, se généralise alors. Sans doute attachent-ils désormais à l'ocre rouge un sens religieux puisqu'on

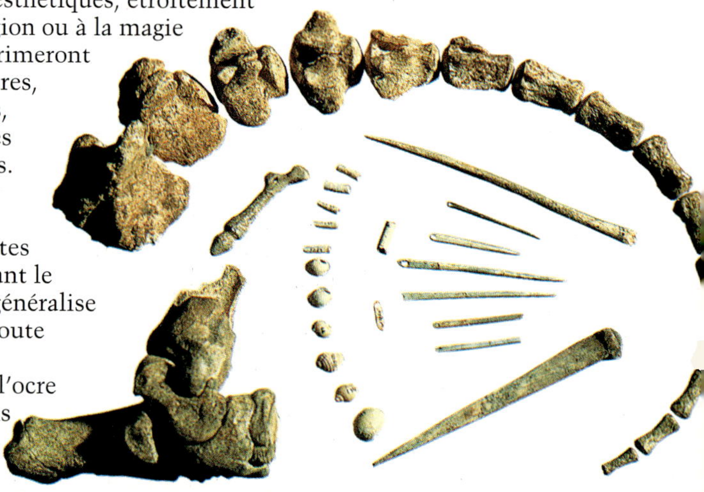

Le 12 septembre 1940, quatre jeunes gens du village de Montignac sur la Vézère en Dordogne découvraient l'entrée de la grotte de Lascaux, qui allait devenir l'un des hauts lieux de l'art préhistorique. Cette grotte, monumental musée souterrain vieux de 15 000 ans environ, renfermait en effet plus de six cents peintures rupestres et près de mille cinq cents gravures. Appelé sur les lieux pour authentifier les peintures, l'abbé Breuil dressa les premiers relevés (ci-contre). Eminent préhistorien et dessinateur talentueux, Henri Breuil consacra toute sa vie aux représentations des peintures et des gravures de grottes ornées du paléolithique supérieur, en particulier celle d'Altamira dont il fit connaître dès 1902 le célèbre plafond peint (pages 124-125).

les voit parfois coucher leurs morts sur un lit d'ocre. Peut-être aussi teignent-ils les peaux des animaux et s'en enduisent-ils le corps. L'os, l'ivoire et les coquillages sont travaillés pour en faire des objets de parures, des pendeloques, des colliers.

Leurs premiers dessins, le plus souvent gravés, rarement peints, sont encore frustes et généralement maladroits. Peu à peu apparaissent des gravures et des peintures plus élaborées. L'art figuratif va progressivement se détacher des premiers griffonnages. A travers toute l'Europe, de véritables artistes vont sculpter de petites statuettes féminines, jeunes filles aux traits élégants, matrones aux formes charnues, quelquefois extrêmement stylisées.

Les hommes de l'âge du renne ont développé une intense activité dans le travail de l'os : poinçons, fines aiguilles à chas servant à coudre les peaux, utilisation des tendons des os assurant le lien entre divers objets percés en pendeloque (page de gauche).

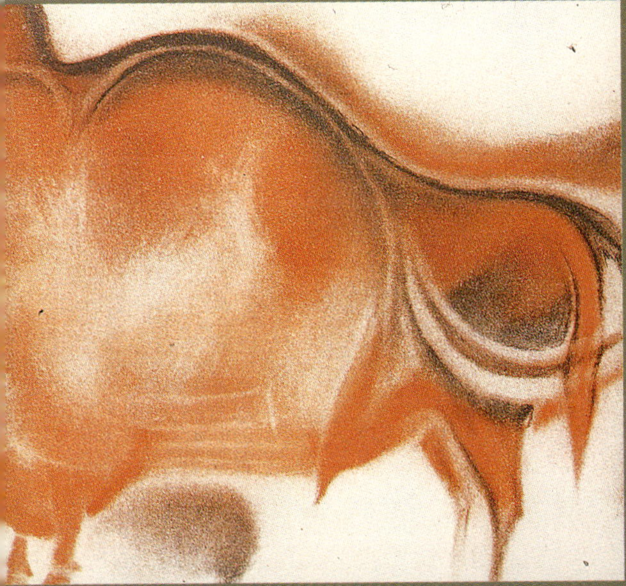

Un art souterrain

Les représentations pariétales dans les nombreux sanctuaires souterrains en France – en particulier en Aquitaine et dans les Pyrénées – ainsi qu'en Espagne, près de Santander où fut découverte en 1879 l'une des toutes premières grottes ornées (Altamira), recèlent incontestablement une unité thématique centrale. Les innombrables figurations animales – chevaux, aurochs, bisons, rennes et mammouths que les hommes du paléolithique supérieur avaient coutume de chasser – demeurent communes à toutes les cultures durant une quinzaine de milliers d'années (de 25 000 à 10 000 ans environ). Cet art singulier et complexe, lié sans doute à des rites magiques que ces hommes pratiquaient dans les profondeurs et l'obscurité des grottes, où ils séjournaient d'ailleurs rarement, correspond à un phénomène culturel unique dans l'histoire.

Avec les hommes de cette civilisation dite de l'âge du renne, qui vivent exclusivement de la chasse, de la pêche et de la cueillette, l'art des cavernes va rapidement atteindre son apogée entre 16 000 et 9 000 ans ; l'un des meilleurs exemples nous est fourni par la grotte de Lascaux. Les artistes exécutent leurs peintures et leurs gravures le plus souvent dans des cavités relativement faciles d'accès, plus rarement dans les grands fonds comme la grotte de Niaux en Ariège où le cheminement est long et quelquefois périlleux. A de rares exceptions près, ces sanctuaires souterrains où se pratiquent des rites magiques d'envoûtement et d'initiation liés au monde de la chasse ne sont connus qu'en France et en Espagne, presque uniquement de part et d'autre des Pyrénées. L'art des cavernes disparaîtra brutalement vers 10 000 ans, au moment où s'achève la dernière grande époque glaciaire. Quelques millénaires suffiront alors à l'homme pour domestiquer les plantes et les animaux, inventer la poterie, découvrir la métallurgie.

Avec l'émergence de la conscience – phénomène unique dans l'histoire du vivant –, l'homme s'est interrogé sur sa place et sur sa raison d'être dans la mécanique céleste. Pour Albert Einstein, quelle que soit la destinée de l'homme au sein de cet univers – inhumanité ou surhumanité –, «ce qui reste éternellement incompréhensible dans la nature, c'est qu'on puisse la comprendre».

Et demain? aube ou crépuscule?

En principe, aucun végétal, aucun animal ne demeurera tel qu'il est dans le futur. L'évolution est un processus permanent et de tous les temps. Mais l'homme est un animal particulier. Peut-on dès lors prévoir l'organisation physique de l'homme futur ? D'une certaine manière oui, car il est très vraisemblable que seules des modifications physiques mineures interviendront dans l'avenir. Depuis quelques milliers d'années, son évolution biologique s'est considérablement ralentie au profit d'une évolution culturelle dont le rythme s'accélère sans cesse. D'ici quelques centaines d'années, il est probable que l'humanité va se libérer presque totalement des lois biologiques qui ont conditionné jusque-là son évolution. Les processus biologiques, qui nous ont menés du singe à l'homme, sont en comparaison de l'évolution culturelle d'une extrême lenteur. En effet, les mécanismes de la sélection naturelle ne permettent pas de transmettre d'une génération à l'autre les caractères acquis.

Cette transmission est essentiellement différée et s'effectue par petites retouches perceptibles seulement à l'échelle des temps géologiques. Dans le cas de l'évolution culturelle, les transformations sont très rapides, car le processus de transmission est cumulatif, en ce sens que chaque génération transmet soit oralement, soit par l'écrit, son acquis à la suivante.

Son intelligence exceptionnelle, liée à un accroissement constant de son cerveau pendant quelques dizaines de milliers de siècles, lui donne le pouvoir d'organiser son avenir en pleine conscience, fait unique dans le règne animal. Mais en même temps, il est le seul animal qui soit devenu une menace pour lui-même. C'est pourquoi il est impossible de prévoir laquelle des deux forces dominera un jour : la force de l'évolution culturelle qui le conduirait vers un *Homo sapiens* nouveau ou la force de destruction qui l'éliminerait afin de rééquilibrer la nature avant qu'elle-même ne soit engloutie, dans quelques milliards d'années, dans une gigantesque boule de feu.

TÉMOIGNAGES ET DOCUMENTS

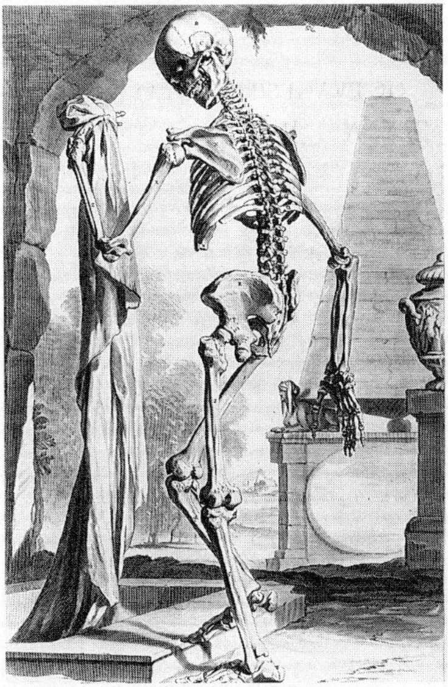

Dans les planches d'anatomie
Qui traînent sur ces quais poudreux
Où maint livre cadavéreux
Dort comme une antique momie,

Dessins auxquels la gravité
Et le savoir d'un vieil artiste,
Bien que le sujet en soit triste,
Ont communiqué la Beauté,

On voit, ce qui rend plus complètes
Ces mystérieuses horreurs,
bêchant comme des laboureurs,
Des Ecorchés et des Squelettes.

Baudelaire,
Le Squelette laboureur

« Dieu ou le gorille il faut choisir ! »

En 1925, en pleine période de prospérité, toute l'Amérique se vit convoquée par la presse pour suivre une confrontation spectaculaire entre l'ancien et le moderne, entre la religion des pères et l'incroyance moderniste. La querelle entre « créationnistes » et « évolutionnistes » darwiniens trouvait un écho retentissant dans le procès intenté à un jeune enseignant du Tennessee, John T. Scopes.

La salle du procès; page de droite, Scopes.

La presse en délire

Les grands hebdomadaires libéraux, comme la *Nation* ou la *New Republic,* décrivirent le procès comme une attaque du « Tennessee contre la civilisation ». Dans l'esprit des participants et des observateurs contemporains, on le voit, l'enjeu du procès dépassa très vite le simple droit d'un professeur à enseigner la théorie de l'évolution.

Du côté aussi des fondamentalistes – ces fondamentalistes protestants qui faisaient campagne contre l'enseignement de Darwin dans les écoles publiques – la surenchère allait bon train. Pour eux, le procès devait déterminer l'avenir moral et religieux de l'Amérique. « Dieu ou le gorille : il faut choisir ! », proclamait le titre de l'un de leurs best-sellers. Dans l'esprit des fondamentalistes, le darwinisme symbolisait la panoplie complète des maux qui affligeaient la société américaine telle qu'ils la concevaient. En l'expulsant des écoles publiques, ils espéraient sauvegarder non seulement la vraie religion mais aussi la société traditionaliste de la campagne et des petites villes.

Chargé de tous les péchés de l'époque, le darwinisme devint le bouc émissaire

qui provoqua, en réaction, une véritable croisade. Mais si la campagne anti-évolutionniste retint l'attention journalistique tout au long de la décennie, le moment le plus spectaculaire en fut le procès Scopes, à Dayton, dans l'Etat sudiste du Tennessee. Aux yeux de nombreux contemporains et, par la suite, d'historiens, ce procès prit des allures symboliques et tendit à concrétiser toute la réaction traditionaliste contre les innovations technologiques et les mutations socioculturelles qui semblaient déferler sur l'Amérique des années vingt. C'est donc par lui que l'on saisit les motivations multiples et souvent contradictoires de la campagne anti-Darwin.

Scopes surpris en flagrant délit d'évolutionnisme

En mars 1925, la législature de l'Etat de Tennessee vota, sans grande discussion, une loi interdisant l'enseignement dans les écoles publiques de l'Etat de toute théorie « qui contredit l'histoire de la création divine de l'homme telle qu'elle est enseignée dans la Bible ». Au début, cette loi n'avait que la valeur symbolique d'un geste électoraliste envers les citoyens fondamentalistes de l'Etat et semblait vouée à rester lettre morte. Jusqu'au jour où le jeune Scopes se fit arrêter en flagrant délit d'évolutionnisme…

Ce fut autour de quelques verres de limonade pris au drugstore local, le 5 mai 1925, que Scopes, professeur au lycée de Dayton, George Rappelyea, homme d'affaires, et Edward Robinson, pharmacien et président du bureau scolaire du comté, ourdirent leur conspiration contre la nouvelle loi. Officiellement, Scopes était l'entraîneur de l'équipe de football du lycée, mais, comme c'était souvent le cas dans le Sud pauvre des années vingt, il enseignait aussi la physique et la chimie et… la biologie. Or le manuel de biologie utilisé dans les lycées du Tennessee (et vendu dans le drugstore de Robinson) comportait des propositions évolutionnistes. Il était donc évident, pour les conspirateurs, que Scopes avait bien violé la loi en enseignant le darwinisme. Pour Rappelyea – qui se considérait comme l'esprit éclairé et progressiste de la ville – il fallait contester une loi aussi absurde, et, avec l'accord des autres, il esquissa rapidement son idée. Dénoncé par des « citoyens alarmés », Scopes serait arrêté, inculpé et jugé, de façon à poser le problème de la constitutionnalité de la loi.

En même temps, les comploteurs du drugstore pensaient profiter d'une offre de soutien de l'Americain Civil Liberties Union pour attirer à Dayton des sommités du libéralisme, créant ainsi un peu de publicité gratuite pour la ville et ses commerçants. Cependant, souligna Rappelyea, il fallait agir vite, car déjà la ville voisine de Chattanooga menaçait de faire son propre procès, risquant de voler à Dayton toute sa gloire.

Scopes fut donc arrêté le 7 mai 1925 et inculpé le 10. Aussitôt la presse nationale, toujours en quête de sensationnel, s'empara de l'affaire.[…]

Une atmosphère de fête

Paradoxalement, pour assurer une plus grande diffusion à ce procès obscurantiste et anti-scientifique, on déploya toutes les ressources de la technologie la plus avancée : radio, avion, cinéma, téléphone et télégraphe. On vit ainsi les moyens de communication avec l'extérieur prendre une expansion fulgurante. La *Western Union* installa dix lignes télégraphiques supplémentaires, et l'Associated Press annonça qu'elle « couvrirait » le procès 24 heures sur 24 sur deux lignes directes avec New York. La toute jeune TSF eut aussi ses représentants, et les délibérations furent transmises en direct via Chicago. Pour que les actualités filmées soient plus promptement diffusées, on ouvrit près de la ville une piste de décollage pour les avions, tandis que l'on améliorait les moyens de transport plus traditionnels en construisant un corral pour chevaux et mulets.

En fait, Dayton était une petite ville comme il y en avait des milliers aux Etats-Uhis, ni riche ni pauvre, à dominance agricole mais avec un peu d'industrie et de commerce. On y trouvait deux rues principales, un tribunal et plusieurs églises protestantes (une par dénomination, plus celles des sectes). Ses habitants suivaient la mode nationale, grâce aux catalogues de vente par correspondance ; ils étaient au courant des nouvelles nationales à travers la radio et les agences de presse. Surtout, ils participaient à cette soif extraordinaire de savoir scientifique que l'on remarque dans la presse populaire de l'époque. En faisant un procès anti-évolutionniste, les Daytoniens comptaient attirer « les plus grands savants et les plus grands orateurs du monde… et recevoir, sans rien payer, un enseignement universitaire ». Des bonnes affaires, du savoir gratuit, le procès Scopes promettait beaucoup aux habitants de Dayton, d'autant plus qu'ils ne risquaient guère leur foi. Presque tout le monde, en effet, était membre d'une dénomination fondamentaliste, et en était fier. C'était là une des nombreuses contradictions du procès : les participants – et surtout les jurés – étaient capables à la fois de défendre la Bible et la Création, et de faire preuve d'une grande curiosité au sujet de l'évolution. […]

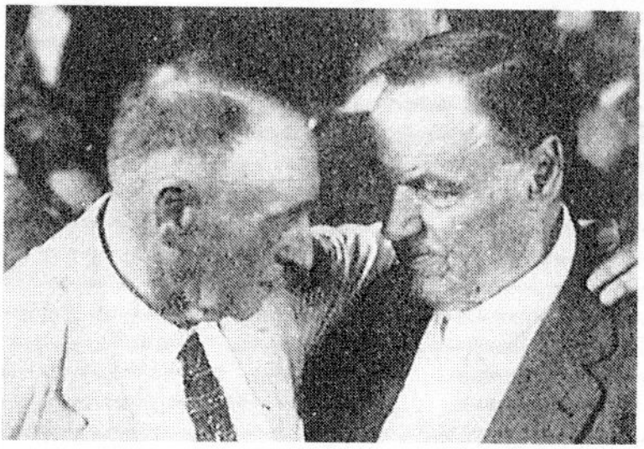

Ci-dessus, Darrow et McKenzie ; à droite, Bryan

Darwin ne contredit pas la Bible

Darrow avait fait venir d'éminents savants pour expliquer au jury en quoi consistait exactement la théorie de l'évolution. Bryan, de son côté, avait très bien saisi l'enjeu et fit tout pour que ces témoignages soient déclarés irrecevables. Au bout de quatre jours de délibérations parfois houleuses – tenues, à leur grande déception, en l'absence des jurés –, le juge décida le vendredi 17 juillet que la cour n'avait pas besoin d'experts scientifiques pour déterminer si oui ou non Scopes avait enseigné que l'homme « descendait d'un ordre inférieur d'animaux ». Sans ces témoignages, il n'y avait pas de défense possible, et après une violente passe d'armes avec le juge et les procureurs, Darrow sembla se résigner à la condamnation de son client. Mais le week-end porta conseil.

Le lundi 20 juillet, toute la cour se transporta dans la grande salle en plein air, à côté de la salle du tribunal, le plancher de celle-ci menaçant de céder sous le poids de l'assistance. Dehors, sous un soleil de plomb, Darrow, Bryan et Raulston entamèrent à nouveau une discussion de procédure, afin, semblait-il, de mieux préparer le terrain au pourvoi en cassation. L'assistance de plus de deux mille personnes sommeillait après le déjeuner lorsque Darrow s'exclama subitement qu'il désirait citer comme témoin… William Jennings Bryan ! Citer l'avocat général comme témoin à décharge sortait vraiment de l'habitude, et Raulston était en droit de s'y opposer. Mais puisque Darrow précisa qu'il le citait en tant qu'« expert sur la Bible », Bryan donna son accord. Comment ne l'aurait-il pas donné, lui, le plus grand champion de la Bible, auteur de nombreux commentaires sur la vérité évangélique ? […]

«Prétendez-vous, demanda alors Darrow, que l'on doit interpréter tout dans la Bible d'une façon littérale ? »

Le monde a-t-il été créé en six jours ?

« Je crois que tout dans la Bible doit être accepté tel que l'on y trouve. Certains passages de la Bible peuvent parfois être interprétés au figuré. Par exemple : "Vous êtes le sel de la terre". Je ne maintiendrai pas que l'homme soit véritablement fait de sel. »

Bryan pensait-il que Josué ait arrêté le soleil pour que le jour se prolonge ? Pensait-il donc que le soleil tourne autour de la terre ? « Non, c'est la terre qui tourne autour du soleil. Mais je pense, monsieur Darrow, que la Bible est un livre inspiré par le Tout-Puissant et qu'elle parle un langage compréhensible pour les gens de l'époque. »

En parlant ainsi, Bryan n'était-il pas en train d'interpréter, comme un vulgaire moderniste ? « Je pense que chacun peut, en effet interpréter ce passage comme il l'entend mais rien ne nous permet de savoir quelle en est la véritable explication. » […]

«Pensez-vous, demanda Darrow lors de l'assaut final, que la terre fut créée en six jours ?

– Pas en six jours de vingt-quatre heures », avoua Bryan tandis qu'un mouvement de surprise et de peur traversait la salle.

Saisissant l'occasion, Darrow prit une Bible pour lire à haute voix le passage en question : « Ainsi, il y eut un soir, et il y eut un matin : ce fut le premier jour… Croyez-vous donc, demanda Darrow, que le soleil ne fut créé que le quatrième jour ?

– Oui, murmura Bryan, nerveux et visiblement mal à l'aise.

– Comment expliquez-vous l'existence de jours avant que le soleil n'apparût ?

– Je ne pense pas qu'il s'agisse nécessairement de jours de vingt-quatre heures, répéta Bryan, il s'agit de périodes.

– Et quelle était, s'il vous plaît, la longueur de ces périodes ?

– Je ne sais pas.

– Eurent-elles une durée considérable ?

– C'est possible.

– La création peut donc avoir duré très longtemps ?

– Peut-être.

– Des millions d'années ?

– Oui. »

Pressé par Darrow de s'expliquer plus longuement, Bryan, à la stupéfaction de ses fidèles, finit par admettre : « Mon impression est que ces "jours" furent des périodes, mais je ne tenterai pas de contredire quelqu'un qui croirait qu'il s'agit de jours de vingt-quatre heures. »

Gordon Golding,
L'Histoire n°35, juin 1981

Un homme de Neandertal dans le Caucase ?

Ancien chirurgien des Hôpitaux de Moscou, Marie-Jeanne Koffmann, par ailleurs alpiniste chevronnée, a consacré depuis 1959 une grande partie de son énergie à rassembler les nombreux témoignages sur l'existence supposée d'un être singulier dans les montagnes du Caucase, l'Almasty, autre version de l'énigmatique Yéti de l'Himalaya.

Un des nombreux témoins photographié par M.-J. Koffmann.

Mythe ou réalité

L'enquête menée à pied, à cheval ou en moto dans toutes les petites républiques du Caucase s'étendant le long de cette puissante chaîne de montagne souvent impénétrable, a permis à Marie-Jeanne Koffmann de réunir un volumineux dossier renfermant plus de cinq cents déclarations de témoins oculaires affirmant avoir observé des créatures hominoïdes bipèdes, velues et privées de langage. En dépit de quelques rares indices matériels, tels que litières, reliefs alimentaires, excréments, empreintes de pieds dont l'interprétation est par ailleurs problématique, Marie-Jeanne Koffman n'a jamais pu observer personnellement l'étrange créature ni même en recueillir quelques dépouille ou ossements.

L'existence de l'Hominidé du Caucase et moins encore son appartenance à un néandertalien relique – comme le supposait l'historien soviétique B. Porchnev – loin d'être établie, évoque d'une certaine manière le mythe de l'homme sauvage qui n'a jamais cessé de hanter les esprits et dont on débattait déjà au siècle des lumières. Si l'être mystérieux du Caucase soulève encore bien des passions, il n'a en revanche suscité que très peu d'enthousiasme auprès de la communauté scientifique mondiale. La découverte récente en 1993 dans les forêts de la Cordillière annamitique au Vietnam, d'un grand mammifère a ranimé les convictions de ceux qui caressent l'espoir de retrouver la trace de quelque « bête ignorée ».

Herbert Thomas

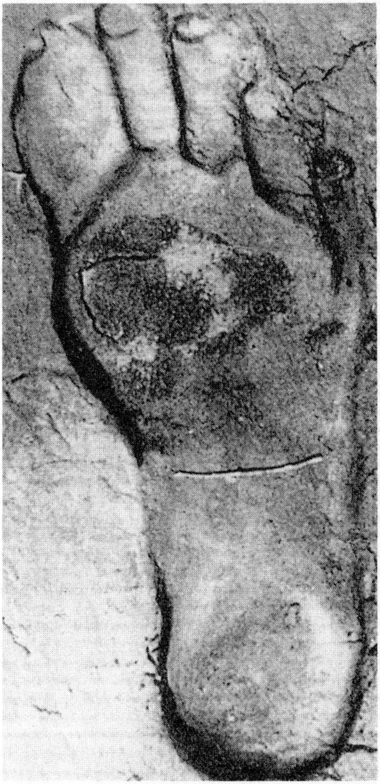

Cette empreinte de pied serait celle de l'Almasty. Elle provient des montagnes de l'Ala Taou en Asie soviétique.

Des témoignages nombreux et cohérents

Le Dr. Koffmann dispose des déclarations de plus de 500 témoins affirmant avoir personnellement observé ces créatures. De nationalité, d'âge, de niveau d'instruction, de catégories sociales très variés, ces informateurs sont, pour la plupart, des hommes simples : bergers, paysans, chasseurs. Leur connaissance de la nature, leurs facultés d'observation sont indéniables. Les informations en provenance de seconde main sont innombrables et n'entrent pas dans cette liste. Il va de soi que le nom des créatures décrites varie selon la langue du pays. Il se traduit toujours par « homme des bois » (*méchae-adame* en Azerbaïdjan, *tskhiss katsi* en géorgien, *agatch-kichi* en Karatchaï, etc.), « homme sauvage » ou « homme velu ». Elle utilise le kabardien « almasty » qui lui est familier, puisque c'est plus spécialement la Kabardino-Balkarie, au pied de l'Elbrouss, qui sert de base à ses recherches. Les informations sont de volume et de valeur inégaux selon les circonstances de l'observation, sa durée, sa distance, l'éclairage, l'intérêt manifesté par le témoin, son état de frayeur ou sa curiosité, la position et le comportement de l'almasty. Tel témoin aura été frappé par un détail secondaire et y reviendra obstinément, méprisant l'essentiel ; son voisin insistera sur un tout autre aspect ; un troisième aura pu examiner ces créatures à loisir et à plusieurs reprises, les approcher, leur donner de la nourriture. […]

Un exemple : Communication n°19. Koumykov Féïtsa, 67 ans, Kabardien, Kourkoujine

[…] A deux reprises, à cette époque (dans les années trente), j'en ai vu tout près. Un jour, je revenais du village. C'était très loin. J'avais un petit sac avec de la nourriture – du fromage, du pain, un morceau de mouton. Vers le soir, il se mit à pleuvoir très fort. J'entrai dans une caverne, allumai un feu de bois, étendis ma cape de laine. La nuit, la pluie redoubla. Tout à coup, entre dans la caverne quelque chose de très grand, couvert de poils roux, sur deux jambes.

Sur le moment, j'ai cru que c'était un ours, et puis, non, je vois un almasty. J'ai eu très peur. Je n'étais pas armé, je n'avais que mon poignard. J'étais assis de profil, je fis semblant de ne rien voir. Mais j'étais plus mort que vif. Je tenais mon poignard de la main droite, caché sur mon ventre pour qu'il ne le voie pas, pour ne pas le fâcher. Puis, je me calmai un peu, me rappelant que les anciens disent toujours que si on ne lui fait rien de mal, il ne touche jamais l'homme. Cependant, l'almasty s'assied près du feu, de côté, et se met à exprimer l'eau de ses poils, car il était trempé. Il s'y prenait comme ça (Koumykov prend une mèche de cheveux de ses deux poings, qu'il fait glisser vers le bas ; les poils sont essorés par pression et glissement du côté de la main sur la peau). Puis, il s'installa auprès du feu, lui offrant tantôt un côté, tantôt l'autre. Finalement, il s'affala presque sur mes pieds. Je pris avec précaution un peu de côté, mais il s'adossa à nouveau sur mes pieds. Et comme ça, petit à petit, il me repoussa tout à fait du feu. Je m'étais complètement rassuré, parce que je voyais bien qu'il n'était pas méchant. d'ailleurs c'était une femme, elle avait des mamelles très longues, qui lui pendaient le long du ventre. Je lui dis quelques mots, puis j'essayai de lui parler en kabardien, en balkare, en russe. Mais elle ne faisait que marmonner des sons incompréhensibles.

Je commençais à vouloir dormir. Il était déjà très tard. Mais je n'osais pas. Je finis par sommeiller, couché sur le côté gauche. La nuit, je l'ai bien entendue mastiquer et mâcher. J'ai pensé : « Ma bouffaille, pardi ! » Mais je n'ai rien dit. Je l'entendais sucer les os.

Le matin, je me réveillai très tôt, elle n'était déjà plus là. Mon sac était dénoué, vide. Elle m'avait tout mangé, la saleté, elle ne m'avait rien laissé. Les os de mouton étaient soigneusement alignés auprès du sac. […]

Quelles conclusions ?

Extrapolées de centaines de témoignages, classées, soumises à l'analyse statistique et au dépouillement anatomique, les informations concernant la morphologie de l'almasty – les seules considérées ici, celles relatives à l'écologie et à l'éthologie n'étant pas exposées – constituent des repères authentiques et précis, dont la convergence fait apparaître un personnage anatomiquement concret, bien défini, équilibré, viable, dépourvu de tout élément fantaisiste.

Le réalisme morphologique, la vérité biologique, l'authenticité anthropologiquement pensable de ce personnage sont indiscutables. Ceci est un fait.

Or ce personnage sort de l'ordinaire. Les critères qui le caractérisent appartiennent au domaine d'une science très spécialisée : la paléontologie humaine.

Par ailleurs, ce personnage ne peut être l'expression des connaissances scientifiques de nos informateurs : il va de soi que les vieux bergers caucasiens, pour la plupart illettrés, ne disposent pas de ce savoir.

Ce personnage ne peut être le fruit de l'imagination et de la supercherie : il nous faudrait adopter ce postulat que le mensonge maintes fois répété engendre l'authenticité.

Une troisième hypothèse demeure : s'il ne peut y avoir ni mensonge, ni connaissances exceptionnelles de la part de nos informateurs, il reste à supposer que leurs descriptions de « l'homme des forêts » correspond à une réalité.

Quelle réalité ?

Grand anthropoïde pour les uns, Néandertalien attardé pour le Professeur Porchnev, l'almasty présente certainement beaucoup plus de traits hominiens que simiens.

L'absence de dimorphisme sexuel dans la taille et la robuste constitution, les longues mamelles des femelles, la chevelure abondante, le pied, sont caractéristiques de l'espèce *Homo*. Les canines jetteraient dans ce tableau une note importune, quoique d'importance.

Ne seraient-ce quelques discordances (encore faudrait-il pouvoir préciser la part de subjectivité dans l'appréciation de l'observateur), l'allongement antéro-postérieur du crâne, l'abaissement de sa voûte, la proéminence des arcades sourcilières et zygomatiques, la largeur de la face, la mandibule lourde et arrondie, le dos voûté, la largeur des épaules, celle de la main, la longueur des doigts, la faiblesse du pouce, la relative brièveté de la jambe par rapport à la cuisse, la massivité du pied, tout ceci associé aux critères indubitablement humains énumérés ci-dessus, fait évidemment penser au Néandertalien (je préférerais dire au Paléanthropien : bien que synonymes, la deuxième définition me paraît moins concrétiser le personnage). Si la stature élevée de l'almasty pouvait paraître inhabituelle, il suffirait d'évoquer les Palestiniens. Skhul IV et V n'habitaient pas si loin du Caucase, Shanidar en est tout près.

Il m'apparaît cependant plus conforme à la sagesse et à la rigueur scientifique de s'abstenir, en l'état actuel de la recherche, d'un diagnostic préliminaire.

Il semblerait néanmoins que l'espèce supposée exister au Caucase, appartienne au *phylum humina*, soit à une ligne parallèle et voisine.

Est-il besoin de s'étendre sur les répercussions dans les sciences humaines qu'aurait la confirmation de son existence ?

D'après l'article
de Marie-Jeanne Koffmann,
«L'Almasty, Yéti du Caucase»,
Dossiers d'Archéologia, juin 1991

Peut-on définir l'homme ?

Chercheur aux multiples facettes, Yves Coppens s'est illustré dans la découverte de plusieurs jalons importants dans l'histoire des Hominidés, en particulier de la fameuse Lucy. Menant ses recherches sur les trois continents de l'Ancien Monde, il a forgé une nouvelle histoire de nos ancêtres qu'il raconte avec une étonnante clarté dans son ouvrage Le Singe, l'Afrique et l'Homme.

SCIENCES HUMAINES : *Vous dites que la pensée ne se fossilise pas. Pourtant, vous soutenez dans* Le Singe, l'Afrique et l'Homme, *que l'apparition du langage et de la réflexion remonte à l'homo habilis et que ce premier homme s'interroge déjà sur ce qu'il est. N'est-ce pas là ce qui marque la naissance de l'homme ?*

YVES COPPENS : L'histoire du langage est limitée par le manque de documents. La base osseuse du crâne est liée à la descente du larynx. Or, il n'y a pas de base du crâne conservée chez *homo habilis*, ce qui nous empêche de reconstituer son larynx. Par contre, celle de l'australopithèque est bien conservée. Elle indique un larynx en position haute, c'est-à-dire l'incapacité d'avoir un langage articulé. Même si, dans les années à venir, nous progressons sur ces questions-là pour l'*homo habilis*, cela restera un élément indirect. Admettons que l'on trouve la base osseuse d'un crâne d'*homo habilis* et que l'on note la position basse du larynx. Cela montrera que l'*homo habilis* a eu des problèmes de respiration et qu'il s'est adapté à un milieu plus sec grâce à une transformation de ses voies respiratoires supérieures. Mais cela ne

veut pas dire qu'il a découvert dès le premier jour l'usage du langage. Le larynx n'est pas descendu pour que l'homme puisse parler.

De toute façon, les australopithèques, hominidés probablement tailleurs de pierre, avaient déjà des moyens de communication très élaborés. Ce n'est pas le langage articulé qui fait la différence. Il existe des manières de communiquer par gestes, mimiques, sons, tonalités, cris… qui permettent des communications très intelligentes. Je ne crois pas qu'il faille absolument s'acharner à mettre dans la diagnose de l'homme des éléments aussi imperceptibles que le degré d'évolution et d'organisation de la société, le langage ou encore l'outil, parce qu'on n'aura jamais les éléments de jugement pour savoir quand cela commence. C'est parfait en philosophie, mais inutilisable en biologie. […]

S. H. : *Depuis une quarantaine d'années, les paléontologues recourent à de nombreuses disciplines pour faire progresser leurs travaux. Quels bouleversements la biochimie a-t-elle entraînés dans la compréhension des origines de l'homme ?*
Y. C. : Jusqu'en 1982, les paléontologues étaient convaincus que le ramapithèque était le premier hominidé, le premier membre de la famille des hommes. Mais un congrès réunissant des paléontologues (j'en faisais partie) et des biologistes moléculaires cette année-là à Rome a renversé cette conception. Les biologistes étaient convaincus que le berceau de l'humanité se réduisait à une partie de l'Afrique et que l'apparition des hominidés datait d'environ trois millions d'années. Nous, paléontologues, prétendions que le berceau était très large (on trouve le ramapithèque en Asie) et que l'histoire de la famille des hominidés avait quinze millions d'années.

Après huit jours de débats extrêmement sérieux, nous sommes arrivés à un accord de sept millions et demi d'années tout en considérant l'Afrique comme seul berceau de l'hominidé. Deux travaux nous ont amenés à cette conclusion. Du côté des paléontologues, on avait découvert pour la première fois la face d'un ramapithèque. Elle ressemblait tellement à celle d'un orang-outang que l'hypothèse faisant de *ramapithecus* l'ancêtre de ce singe d'Asie s'imposait. Du côté des biologistes moléculaires, une expérience avait consisté à inoculer à un lapin de la poudre extraite de fossiles de ramapithèques. Cette poudre contenait des éléments insuffisamment réactifs pour que l'animal fabrique des anticorps. Par contre, la poudre provenant de fossiles d'australopithèques entraîne la fabrication d'anticorps chez le lapin. Le ramapithèque était donc rayé de la famille des hominidés. A la suite de ce colloque et à partir de divers travaux (de biochimistes entre autres) et de très nombreuses fouilles, j'ai proposé l'hypothèse de la barrière naturelle due, il y a huit millions d'années, à un mouvement tectonique. Le plus intéressant de ce congrès était de voir la biochimie pénétrer dans le domaine du temps. Il faut savoir que les paléontologues ont plutôt tendance à avoir des chronologies longues et les biologistes moléculaires des chronologies très courtes. Le handicap de la biologie moléculaire est de s'appuyer sur le monde actuel. Nous ne connaissons malheureusement pas d'ADN fossile, du moins par pour le moment.

« Rencontre avec Yves Coppens »,
propos recueillis par Olivier Durand,
Sciences humaines, mai 1993

Le fils de Lucy est-il notre père à tous ?

Une équipe américano-israélienne vient de découvrir dans l'Afar éthiopien le premier crâne, presque complet, d'un hominidé âgé de trois millions d'années. Cela remet-il en question la généalogie établie ? Car la question reste posée. Avec quelques autres !

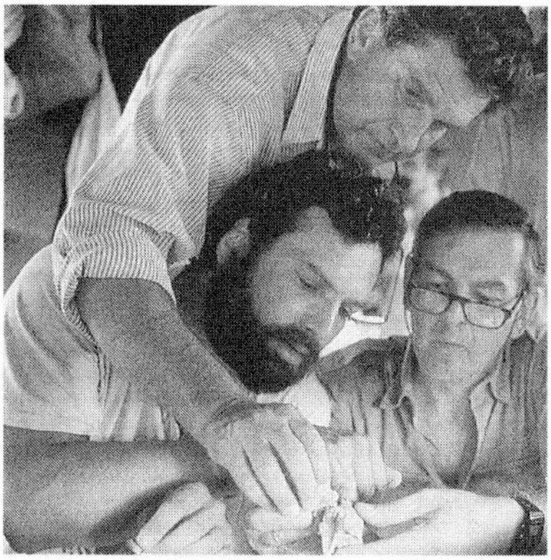

William Kimbel, Donald Johanson et Yoel Rak devant des fossiles d'hominidés découverts dans l'Afar éthiopien. Le crâne dans leur main est le plus ancien crâne d'australopithèque connu

L'Ethiopie, terre de polémiques

Les dernières nouvelles venues de l'Afar montrent que chaque nouvelle découverte, quel que soit son intérêt, ne fait qu'aviver la polémique sur les origines de l'homme. Ce fin fond de l'Ethiopie avait déjà permis de trouver, à partir de 1974, la fameuse Lucy puis un certain nombre de ses semblables. Après plusieurs années de gel des missions, voici que ce pays fait à nouveau parler de lui. Un crâne assez complet et des os des membres exhumés récemment paraissent, après étude, appartenir au même groupe, voire à la même espèce que Lucy. Ils appartiendraient à des *Australopithecus afarensis*, c'est-à-dire…

C'est-à-dire quoi ? Voilà justement ce qu'on aimerait savoir. Avec notre chauvinisme d'*Homo sapiens sapiens,* nous tenons absolument à pouvoir dire où, quand et comment, à partir de quelle espèce précise, le genre humain est apparu dans toute « son éminente dignité », comme on disait il y a cent ans. La discussion actuelle (qui tourne vite à la polémique) porte justement sur les hominidés qui peuplaient l'Afar et ses environs il y a trois millions d'années. Doivent-ils être inclus dans l'illustre lignée ou repoussés un peu sur le côté ? Existait-il ou non « quelqu'un d'autre » à leur époque ? « Il n'y en a qu'un et c'est *afarensis* », affirment les Américains Donald Johanson et William Kimbel, acteurs, avec l'Israélien Yoel Rak, de la découverte ! […] Ailleurs, on reste souvent dubitatif.

Etonnants petits êtres que ces *afarensis*

On connaissait déjà l'étrange façon dont Lucy se déplaçait – étrange à nos yeux en tout cas puisqu'aucun animal actuel ne se déplace ainsi. Nous ne connaissons qu'une espèce vraiment bipède, la nôtre, et quelques autres qui s'y essayent par intermittence. Or l'étude des os de Lucy permet de conclure à un mode de locomotion qui se rapproche de celui des hommes, tout en en différant radicalement [...]. Cet être qui vivait il y a un peu plus de trois millions d'années (3,18 selon les dernières mesures) se tenait et se déplaçait de façon habituelle sur deux pieds et il accouchait déjà à la façon compliquée et délicate des femmes. Bref, dans un schéma linéaire de l'évolution, Lucy pouvait être considérée comme le « maillon intermédiaire », une sorte de « chaînon manquant » entre l'homme et le singe comme celui que rêvaient de découvrir les paléontologues de 1890.

Comment, en regard des démarches si différentes des hommes et des grands singes actuels, concevoir l'apparence d'un être comme Lucy, à la fois excellent grimpeur et assez bon marcheur – meilleur qu'un chimpanzé en tout. Quel corps étrange à imaginer ! Un compromis aurait-il été possible ? Au vu des données actuelles, les *afarensis* ont duré au moins un million d'années, entre les 3,9 millions d'années du fossile de Belohdelie (dans la vallée de l'Awash, en Ethiopie) et les 2,9 millions d'années du dernier fossile répertorié, le crâne AL 444-2 qui vient d'être présenté. Cela ne « marchait » donc pas si mal pour eux...

Ce fossile, que des magazines américains ont aussitôt baptisé « fils de Lucy » est en fait plus jeune que son illustre mère d'environ 200 000 ans (datation argon 40-argon 39). Qu'importe, les restes découverts l'attestent, tous deux appartiennent bien au même genre, voire à la même espèce si l'on suit William Kimbel, Donald Johanson (Institute of Human Origins de Berkeley) et Yoel Rak (de l'université de Tel-Aviv). AL 444-2 est un crâne assez complet (il manque la mandibule), le plus grand crâne d'australopithèque connu. Qu'il appartienne à ce genre d'hominidés primitifs paraît indéniable au vu des photographies. « Il évoque même nettement le groupe des *robustus* ultérieurs, dit Pascal Picq qui travaille au Collège de France à Paris dans l'équipe d'Yves Coppens et a étudié les fragments du crâne de Lucy. L'évolution de l'un à l'autre n'a pas dû entraîner de grands changements. »

Ce crâne appartient-il à l'espèce *afarensis* ?

Poser cette question revient évidemment à poser celle de nos origines : les *afarensis* sont-ils le « tronc commun » ou non ? « Serions-nous en présence des témoins d'une même espèce assez diversifiée, une espèce qui aurait réussi à durer près d'un million d'années au moins sans, semble-t-il, évoluer notablement. Cela n'est qu'une possibilité [...] mais le progrès est réel. » Dans leur texte, les trois chercheurs de Berkeley se gardent d'ailleurs d'aller plus loin, au moins formellement. Ils se contentent d'insister sur leur conclusion : il ne devait exister, entre quatre et trois millions d'années, qu'une seule espèce d'*Australopithecus afarensis* dans l'Afar, espèce douée d'une assez grande diversité et qui paraît avoir pu s'adapter à plusieurs milieux. La possibilité de la coexistence d'une autre espèce, qu'elle soit du genre *Australopithecus* ou *Homo,* n'est pas évoquée. [...]

Henri de Saint-Blanquat,
in *Sciences et avenir*,
juillet 1994

Du singe à l'homme

A l'aune de la génétique, un homme, c'est, à 99 %, la même chose qu'un chimpanzé. Sur le plan anatomique, en revanche, la différence est de l'ordre de 60 %. Comment une aussi faible différence génétique peut-elle induire un aussi grand écart morphologique ? Le paléontologue Jean Chaline tente de l'expliquer par de légères altérations de la chronologie du développement.

Comparons le développement du chimpanzé et celui de l'homme

De la fécondation de l'ovule par le spermatozoïde jusqu'au stade adulte, on distingue quatre phases : la phase embryonnaire, la phase fœtale, la phase lactéale et la phase de substitution. La phase embryonnaire est une période très importante : c'est à ce moment que se forment et se divisent les cellules nerveuses. Chez les chimpanzés, elle dure deux semaines, alors qu'elle s'allonge à huit semaines chez l'homme. Résultat : les neurones de l'homme sont de deux à trois fois plus nombreux que ceux du chimpanzé, et la capacité crânienne de l'homme est considérablement plus grande que celle du chimpanzé (de 900 à plus de 2 000 cm^3 chez l'homme moderne adulte, contre de 320 à 480 cm^3 chez le chimpanzé).

Curieusement, la période fœtale dure, elle, à peine plus longtemps chez l'homme que chez le chimpanzé : la naissance se produit à 9 mois au lieu de 8. La raison ? Si la croissance du fœtus se prolongeait au-delà de ce laps de temps chez l'homme, sa tête atteindrait une taille incompatible avec un accouchement dans de bonnes conditions. Il est vraisemblable que, de ce fait, les femmes mettant au monde des « prématurés » se sont rapidement retrouvées les seules reproductrices efficaces : les naissances « à terme » entraînaient immanquablement la mort du nouveau-né, celle de la mère, voire les deux. Il est d'ailleurs intéressant de remarquer que la croissance du fœtus ralentit nettement entre la trentième et la quarantième semaine (terme de la gestation), pour reprendre, après la naissance, à un rythme presque identique à celui qu'elle avait au début de la gestation.

La naissance marque le début de la période lactéale (pendant laquelle apparaissent les dents de lait) qui, elle, est considérablement allongée : elle dure jusqu'à l'âge de 6 ans chez l'homme, alors qu'elle s'arrête à 3 ans chez le chimpanzé. Cette étape est remarquable : le jeune singe, à ce moment-là, est bipède ! Son port de tête est vertical et il se déplace fréquemment dressé sur ses membres postérieurs. Mais il perd cette bipédie à la fin de la phase lactéale, alors que l'enfant humain la conserve. Or, la bipédie est conditionnée par la position du trou occipital, cet orifice dans le crâne par lequel le cerveau se prolonge par la moelle épinière. Et le trou occipital, chez le jeune chimpanzé, est dans l'axe de la colonne vertébrale ; il migre ensuite vers l'arrière chez l'adulte. Chez l'homme, au contraire, il reste au même endroit que chez l'enfant, c'est-à-dire à l'aplomb du centre de gravité du crâne. Il est donc vraisemblable que la révolution essentielle du programme de développement qui a permis le passage du singe à l'homme a touché la phase lactéale.

De la bipédie, de la quadrupédie

A cette phase succède enfin la dernière étape avant l'âge adulte, dite de substitution, car c'est à ce moment que s'effectue le remplacement des dents de lait par les dents définitives. Pendant cette période, chez le singe, le crâne subit un profond remodelage : des bourrelets sus-orbitaires, sur lesquels viennent s'arrimer des muscles masticateurs forts, apparaissent au-dessus des yeux ; juste derrière eux, le crâne se resserre, formant ce que les spécialistes appellent la constriction rétro-orbitaire ; enfin, chez le mâle notamment, les canines se développent, se transformant en crocs.

Toutes ces différences entre l'homme et les singes anthropomorphes (orangs-outans, chimpanzés, gorilles) sont en fait la conséquence directe de la station, droite ou courbée, autrement dit de la bipédie ou de la quadrupédie. Chez le singe, du fait de la position du trou occipital, oblique et situé en arrière, la tête est penchée en avant. Le cou renferme des muscles puissants, arrimés à des crêtes osseuses saillantes à l'arrière du crâne et qui permettent de compenser le poids de la tête. La face est très développée vers l'avant, car la bouche participe à la préhension des aliments. Chez l'homme, le trou occipital se situe, au contraire, à la base du crâne. La musculature du cou, n'ayant plus à maintenir une tête en porte-à-faux vers l'avant, est réduite et s'attache sur une petite excroissance osseuse, l'apophyse mastoïde. Les crêtes situées à l'arrière et sur le sommet du crâne disparaissent. Les énormes bourrelets sous-orbitaires aussi, ne laissant sur le front humain que deux petites bosses et des arcades sourcilières légèrement marquées.

Par quel processus mystérieux le trou occipital de l'homme migre-t-il vers l'avant ? En fait, il ne migre pas. Il est maintenu dans la position qu'il occupe chez le jeune par un mécanisme dit de contraction crânio-faciale et de flexion de la base crânienne. En clair, le crâne « s'enroule » d'avant en arrière. Résultat : le centre de gravité de la tête reste à la verticale du tronc, donnant à l'animal une station droite. Le maintien d'un tel caractère juvénile n'est possible, selon Jean Chaline, que parce que le développement de l'homme est considérablement ralenti par rapport à celui du singe.

Pourquoi ce ralentissement ? Une simple mutation, sur un seul gène

En même temps que le développement est freiné, toutes ses phases s'allongent. Résultat : certains caractères juvéniles se maintiennent toute la vie, comme la bipédie, tandis que d'autres n'apparaissent jamais, tels les bourrelets sus-orbitaires, les crocs ou le pelage.

Par ce processus, il n'a fallu que trois étapes pour passer du singe anthropomorphe à l'homme. Le premier saut, décisif, fut l'acquisition de la bipédie par les australopithèques. Le trou occipital est, en effet, déjà plus avancé chez l'australopithèque que chez le chimpanzé. La phase de substitution était sans doute aussi plus longue : les caractères adultes devaient donc apparaître plus tard. Cela mis à part, son crâne évoque à s'y méprendre celui d'un gorille, dont il a d'ailleurs le volume. Face très développée, encore assez prognathe (avec la mâchoire en avant), bourrelets sus-orbitaires importants, crête sagittale au sommet du crâne, forte constriction rétro-orbitaire : tout y est. L'arcade zygomatique, par laquelle passent les muscles masticateurs, est importante aussi, autant que celle de carnivores comme le tigre !

En un mot, l'australopithèque est un singe ; mais un singe bipède, qui se tient bien droit et se déplace à la verticale en permanence : il ne marche jamais à quatre pattes. Il est même vraisemblable qu'il est encore capable de grimper dans les arbres, compte tenu de la longueur de ses bras. A terre, sa démarche chaloupée ne devait pas être des plus élégantes et son aptitude à la course sans doute limitée.

L'étape suivante voit l'avènement des premiers hommes *Homo habilis* et *Homo erectus.* Elle a dû se réaliser comme la précédente, par un ralentissement supplémentaire de la vitesse de développement et un nouvel allongement des phases, conduisant à un nouveau recul de la maturité sexuelle et à un étirement de la période juvénile. Le mouvement de bascule du trou occipital s'accentue encore, aboutissant à une bipédie encore plus parfaite. La capacité crânienne s'accroît aussi. En revanche, le bourrelet sus-orbitaire subsiste encore.

A l'issue de la troisième transition émerge enfin l'homme moderne, *Homo sapiens*. Il se caractérise principalement par une amplification considérable de la contraction crânio-faciale. En même temps disparaissent définitivement les bourrelets sus-orbitaires et le prognathisme de la face. La maturité sexuelle est encore repoussée ; finalement, entre le chimpanzé et l'homme, elle passe de 7 ans environ à 14 ans.

Récapitulons. Un beau jour, dans une population de singes anthropomorphes, une femelle s'accouple avec un mâle. L'œuf fécondé qui résulte de leur union porte une mutation, parmi bien d'autres. Jusqu'ici, rien que de très ordinaire. Mais la mutation en question modifie un gène qui contrôle la vitesse du développement. De cet événement, répété trois fois au cours de l'évolution humaine, va découler une cascade de bouleversements dans l'anatomie et la vie de l'animal.

D'abord, le maintien du trou occipital en position inférieure modifie la morphologie générale du crâne, de la face et de la mâchoire inférieure. Les capacités crâniennes se développent, la face se réduit, la denture se transforme et le régime alimentaire change. D'autre part, la bipédie libère les mains de leur fonction motrice. Celles-ci vont pouvoir manipuler, puis fabriquer des outils, des vêtements, des habitations. Elles vont devenir des instruments d'une précision inégalée dans le monde animal.

Dernier apport de la contraction crânio-faciale, peut-être le plus inattendu : la parole articulée. En effet, le volume du pharynx, qui sert de caisse de résonance et permet la modulation des sons, est déterminé par la position du larynx. Or, celui-ci est accroché à la voûte crânienne par de nombreux muscles et ligaments. Vers l'âge de 2 ans, l'enroulement du crâne qui entraîne le trou occipital vers l'avant plie le plafond de la région respiratoire et fait descendre le larynx. Et l'enfant se met à parler. Voilà pour la « mécanique ».

Comment la bipédie s'est-elle imposée ?

Selon Chaline, il a suffi qu'elle apparaisse chez un seul mâle ou une seule femelle pour se généraliser à la quasi-totalité de la population à laquelle ils appartenaient. Comment ? Les australopithèques devaient, comme les singes anthropomorphes actuels, vivre en petites troupes très hiérarchisées. Le mâle dominant, au sommet de la hiérarchie, avait donc un accès privilégié aux femelles, ce qui permet de transmettre prioritairement ses gènes. Or, la hiérarchie, chez les primates, s'établit à l'occasion de confrontations physiques dans lesquelles la taille joue un rôle important. L'animal qui se tient debout, en paraissant plus grand, possède d'emblée un avantage sur son adversaire. Le singe bipède, dressé en permanence, a pu alors transmettre ses gènes, qui ont supplanté ceux de ses prédécesseurs. Et toute la génération suivante de se tenir debout ! Ensuite, les populations possédant la bipédie étaient avantagées par rapport aux populations restées quadrupèdes. Cela leur facilitait, notamment, la colonisation des savanes.

La réponse d'André Langaney

Toute nouvelle théorie emporte rarement d'emblée l'adhésion inconditionnelle de l'ensemble de la communauté scientifique. Aussi convaincant que paraisse le scénario de Chaline, il n'échappe pas à la règle. Ainsi, André Langaney, directeur du laboratoire d'anthropologie du musée de l'Homme, à Paris, ne pense pas que la bipédie se soit imposée par la voie hiérarchique. En effet, la structure sociale des troupes de gibbons, de chimpanzés, de gorilles et des populations humaines est extrêmement variable et pas toujours hiérarchisée. [...]

Il n'accepte pas non plus la mécanique par laquelle, selon Chaline, l'homme descendrait du singe. Pour lui – et il n'est pas le seul de cet avis –, l'ancêtre commun devait être un grimpeur arboricole peu spécialisé et capable de se déplacer au sol en marchant sur deux pattes. La transition de la quadrupédie telle qu'elle est pratiquée par les macaques et les babouins, par exemple, à la bipédie paraît impossible. Cette quadrupédie demande, en effet, une trop grande spécialisation de tout le squelette et de la musculature pour autoriser le passage à la bipédie.

André Langaney ne prétend pas détenir la vérité. Son message, c'est, avant tout, qu'en matière de paléontologie, la prudence est de rigueur. Etant donné les lacunes existant dans les archives paléontologiques, on a, en effet, rarement les moyens de tester les hypothèses avancées. De son côté, la théorie de Chaline, aussi osée soit-elle, a au moins un grand mérite : celui d'obliger ses collègues à réexaminer même ce qu'ils croyaient savoir.

Thierry Pilorge,
Science et Vie, mai 1994

GLOSSAIRE

Acheuléen Faciès culturel du Paléolithique inférieur. Il doit son nom à un faubourg d'Amiens, Saint-Acheul. L'industrie lithique comprend de nombreux outils taillés sur leurs deux faces, appelés bifaces.

Aurignacien Civilisation du Paléolithique supérieur se situant entre 33 000 et 26 000 avant J.-C.

Australopithèque Hominidé fossile dont l'aire de répartition s'étend à l'Afrique orientale et méridionale de 4 à 1 million d'années avant notre ère. Bipède de petite taille (1-1,50 m) au cerveau modeste (400-500 cm^3), à la face massive et prognathe, il est connu par les espèces *afarensis, africanus* ou gracile, *robustus* ou *boisei.*

Bâton percé Objet en bois de renne percé d'un ou plus rarement de plusieurs trous d'assez grande taille. Cet instrument parfois appelé « bâton de commandement » est souvent décoré. On le trouve dans tous les niveaux du Paléolithique supérieur, à partir de l'Aurignacien.

Biface Outil lithique taillé sur les deux faces.

Burin Outil de pierre taillée très fréquent au Paléolithique supérieur. Il présente un biseau formé par la rencontre du négatif formé par l'enlèvement d'une lamelle avec une autre surface qui peut être soit le négatif de l'enlèvement d'une autre lamelle, il s'agit alors d'un burin dièdre ; soit une série de retouches continues, il s'agit alors d'un burin ou troncature.

Carbone 14 (C.14 ou 14C) Méthode de datation découverte par le physicien américain W. Libby en 1960. Toute matière vivante absorbe en permanence du carbone provenant du gaz carbonique atmosphérique. Celui-ci contient du carbone 12 et 13, stables, et une quantité infinitésimale de carbone 14, isotope radioactif. Lorsque l'organisme vivant meurt, le carbone 14 qu'il renferme commence à se désintégrer en azote. La radioactivité du C.14 enfermé dans l'organisme mort décroît lentement, à raison de moitié tous les 5568 ans, qui est la période de demi-vie de cet isotope. La mesure de la radioactivité restant dans un échantillon permet de savoir depuis combien de temps l'organisme auquel il appartenait est mort.

Castelperronien ou Châtelperronien Civilisation marquant la transition entre le Paléolithique moyen et le Paléolithique supérieur : de 34 000 à 30 000 av. J.-C.

Céraunie ou pierre de foudre Du grec Keraunos, « foudre ». Avant le XIXe siècle, on désignait par ce mot des outils préhistoriques en pierre (surtout polie) dont on ignorait alors l'origine.

Datation (conventions) : BP signifie Before Present, c'est-à-dire Avant le Présent, le Présent étant situé en 1950, année considérée comme année zéro dans ce système de datation. BC signifie *Before Christ* ou avant J.-C., de même que AD signifie *After Death*, c'est-à-dire après J.-C. Dans la datation BC, il faut tenir compte d'un décalage en moins de 1950 ans par rapport à la datation BP.

Dos Ce terme est utilisé en typologie des industries lithiques pour désigner une retouche abrupte ayant supprimé le bord tranchant d'une lame (lame à dos) ou d'une lamelle (lamelle à dos). On emploie aussi, dans le même sens, l'expression « bord abattu ».

Eclat Fragment de roche, débité intentionnellement d'un bloc de matière première ou d'un nucleus, par percussion ou par pression. Un éclat présente une face supérieure, sur laquelle sont visibles les négatifs des enlèvements antérieurs, une face inférieure ou face d'éclatement, sur laquelle on voit le bulbe de percussion, et le talon, qui est une partie du plan de frappe emporté par l'éclat.

Epipaléolithique Ensemble des cultures débutant à la fin de la dernière glaciation et se terminant au Néolithique, vers 3 000 ans BC. Ce terme est plus particulièrement employé pour désigner les cultures de chasseurs-pêcheurs-collecteurs issues de traditions paléolithiques. Le terme de Mésolithique désigne des cultures plus tournées vers la production et la sédentarisation, mais tirant encore une grande partie de leurs besoins de la chasse.

Grattoir Outil de pierre taillée, très fréquent au Paléolithique supérieur, caractérisé par une série de retouches continues formant un front plus ou moins arrondi à l'extrémité de la pièce.

Gravettien La présence constante de pointes de La Gravette ou de microgravettes dans toutes les phases du Périgordien supérieur autorise à substituer à cette expression le terme de Gravettien.

Homo erectus Espèce connue en Afrique orientale, il y a 1,5 million d'années, et répandue dans tout l'Ancien Monde. Sa capacité crânienne s'étage de 775 à 1250 cm^3 environ, sa denture est puissante mais typiquement humaine, sa taille proche de celle de l'homme actuel.

Homo habilis Le plus ancien représentant – dans l'état actuel des connaissances – du genre *Homo*, apparu en Afrique orientale, il y a environ 2 millions d'années. Comparé à l'Australopithèque, il présente une capacité crânienne supérieure (650-800 cm^3), une face plus ramassée et une denture plus fine.

Homo sapiens En latin, « Homme intelligent » ou « sage ». Evolution ultime d'*Homo erectus*, caractérisée par un accroissement de sa capacité crânienne (1 400 cm^3 en moyenne), un développement des lobes frontaux, une réduction de l'avancée de la face, une diminution de la taille de la denture, l'apparition du menton. On distingue une lignée archaïque, *Homo sapiens neandertalensis* (Neandertal), datant peut-être de 300 000 ans, et disparue il y a environ 35 000 ans, et une lignée plus évoluée, *Homo sapiens sapiens* remontant à plus de 100 000 ans et constituant le prototype de l'humanité actuelle.

Lame Eclat allongé, présentant deux bords parallèles et dont la longueur est plus du double de la largeur. Les lames sont particulièrement nombreuses dans les industries du Paléolithique supérieur. Contrairement aux civilisations les plus anciennes, les civilisations du Paléolithique supérieur ont utilisé systématiquement le débitage laminaire. Les lamelles sont de petites lames dont la largeur est inférieure à 12 mm.

Levallois (débitage) Procédé de débitage de la pierre permettant d'obtenir, par une préparation du nucleus de grands éclats de forme déterminée. Ce bloc de matière première était d'abord épannelé par une première série d'enlèvements résultant de percussions presque perpendiculaires à son plan principal ; une seconde série d'enlèvements, obtenus par des coups portés tangentiellement sur les arêtes séparant les cicatrices des éclats de la première série, donnaient au nucléus une section dissymétrique et une forme générale en « carapace de tortue », un plan de frappe était alors souvent aménagé par facettage d'une des extrémités étroites du nucléus et permettait d'en extraire un seul grand éclat. Cet éclat, mince, ovale, porte sur l'une de ses faces les cicatrices convergentes des éclats de la seconde série de percussions : c'est l'éclat Levallois 1.

Magdalénien Civilisation de la fin du Paléolithique supérieur (17 000 à 10 000 av. J.-C. environ) qui doit son nom au site de la Madeleine. L'industrie lithique, de débitage laminaire, se miniaturise vers la fin de cette période. L'industrie osseuse se développe, souvent décorée elle devient objet d'art mobilier, tandis que les cavernes profondes voient l'apogée de l'art pariétal.

Microlithe Très petite pièce taillée, généralement en silex. Longueur courante : 2 à 3 centimètres.

Moustérien Civilisation préhistorique se développant entre 100 000 et 35 000 environ. Elle doit son nom à la grotte de Moustier en Dordogne et l'Homme de Neandertal est l'artisan des industries dites moustériennes caractérisées notamment par les racloirs. Les racloirs sont des éclats dont un ou plusieurs bords ont été aménagés par des retouches continues.

Neandertal D'après le site de Neandertal, vallon proche de Düsseldorf en Allemagne, où furent découverts en 1856, les restes d'un squelette constituant à l'époque le premier fossile humain dont la morphologie différait sensiblement de la norme contemporaine. Spécimen d'une population répandue en Europe et au Moyen-Orient, entre 80 000 et 35 000 environ avant notre ère. Petits mais robustes, les Néandertaliens – authentiques Homo sapiens – présentaient un crâne allongé, large et bas, d'une capacité égale à celle de l'homme d'aujourd'hui.

Neandertaliens Hommes présentant les caractères de l'homme de Neandertal, qui vivaient entre 100 000 et 35 000 ans avant J.-C. en Europe, et une partie de l'Asie.

Néolithique Période de la préhistoire succédant vers –8 000 au Paléolithique. Elle est caractérisée par le polissage de la pierre, le modelage et la cuisson de céramiques et surtout par une importante modification du mode de vie : les hommes se sédentarisent; ils deviennent des agriculteurs et des pasteurs et regroupent leurs habitations en villages.

Nucleus Bloc de pierre débité pour produire des éclats, lames et lamelles nécessaires à la fabrication des outils et des armes.

Outils à dos Outils présentant une surface latérale qui recoupe à peu près perpendiculairement les deux faces d'un éclat, d'une lame ou d'une lamelle dans le sens de sa plus grande dimension.

Paléolithique L'âge de la pierre taillée ou Paléolithique est subdivisé en trois grandes parties : le Paléolitihique inférieur qui dure jusqu'à 100 000 environ et qui correspond au développement des industries acheuléennes : le Paléolithique moyen, de 100 000 à 35 000 environ, période pendant laquelle les hommes de Neandertal fabriquent les industries moustériennes; et le Paléolithique supérieur, de 35 000 à 10 000 environ, pendant lequel les Hommes modernes découvrent l'art, et utilisent abondamment le débitage laminaire et le travail de l'os.

Palynologie Science étudiant les pollens. La détermination des pollens fossiles contenus dans les sédiments remplissant un gisement permet de connaître l'environnement végétal contemporain du dépôt de ces sédiments. Les variations de cet environnement reflètent l'évolution du climat.

Pariétal Du latin, paries, « paroi ». Qualifie les gravures, dessins ou peintures réalisés sur les parois rocheuses de grottes préhistoriques.

Périgordien Civilisation des débuts du Paléolithique supérieur subdivisée par Denis Peyrony en Périgordien inférieur (Châtelperronien) et Périgordien supérieur (Gravettien).

Pithécanthrope Du grec pithekos, « singe », et anthropos, « homme ». Fossile archaïque de l'espèce *Homo erectus*, découvert en 1891 à Java.

Poinçon Outil en os, en ivoire ou en bois de cervidé dont la base est aménagée en biseau simple.

Pointe de La Gravette Couteau de pierre taillée à dos rectiligne et extrémité acérée. Cet outil caractérise le Gravettien et doit son nom au gisement de La Gravette en Dordogne.

Propulseur Instrument sculpté dans un bois de renne et présentant un crochet à une de ses extrémités. Les pièces, très caractéristiques du Magdalénien, constituent souvent de magnifiques objets d'art. Par comparaison avec des objets analogues, encore utilisés par les Eskimos et les Australiens, on suppose qu'ils servaient à lancer des armes de jet en prolongeant le geste du chasseur ou du guerrier.

Racloir Outil lithique, généralement aménagé sur éclat, par des retouches continues sur un bord. Les bords retouchés des racloirs ont plus souvent été façonnés sur l'un des grands côtés du support.

Retouche bifaciale Retouche sur les deux faces d'un outil de silex.

Sinanthrope Fossile d'*Homo erectus* découvert en 1927 à Zhoukoudian, près de Pékin.

Solutréen Civilisation du Paléolithique supérieur dont l'âge est compris entre 20 000 et 16 000 av. J.-C. et qui a occupé une grande partie de l'Europe occidentale. L'industrie lithique est caractérisée, en particulier, par des pointes foliacées à retouches rasantes, parallèles, envahissant parfois les deux faces de la pièce (feuille de Laurier).

Stéatopygie Développement important du tissu adipeux sous-cutané dans la région fessière. Ce caractère racial est beaucoup plus marqué chez les femmes que chez les hommes. Il est souvent cité à propos des Vénus préhistoriques.

Stratigraphie Science qui étudie la succession des dépôts sédimentaires généralement regroupés en couches, compte tenu de leur nature et de leur contenu.

Typologie Etude des formes d'outils lithiques et osseux trouvées dans les niveaux archéologiques. Cette étude permet de définir des types, de classer les outils et de donner une analyse quantitative des industries préhistoriques.

Vénus Nom donné aux statuettes, aux bas-reliefs et aux gravures préhistoriques représentant des femmes.

Würm Dernière glaciation quaternaire qui a duré de 100 000 jusqu'à 10 000 ans. Elle doit son nom à un affluent du Danube.

Glossaire établi d'après
Art et civilisation de la préhistoire,
laboratoire de préhistoire du musée de l'Homme,
et le *Dossier d'archéologie*, janvier 1991

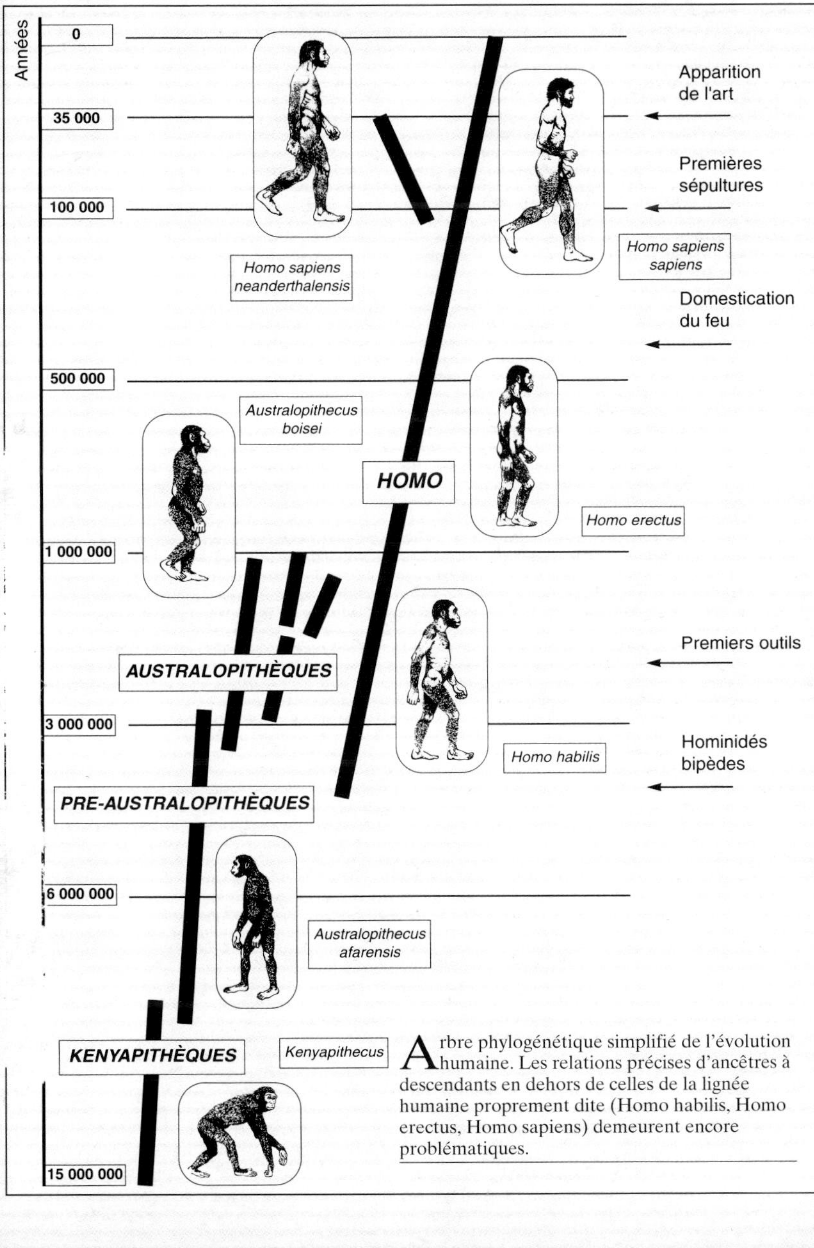

Arbre phylogénétique simplifié de l'évolution humaine. Les relations précises d'ancêtres à descendants en dehors de celles de la lignée humaine proprement dite (Homo habilis, Homo erectus, Homo sapiens) demeurent encore problématiques.

BIBLIOGRAPHIE

Ouvrages généraux

Catalogue de l'exposition «5 millions d'années : l'Aventure humaine», Palais des Beaux-Arts, Bruxelles, 1990.

Les Origines de l'Homme, Bibliothèque pour la Science, Diffusion Belin, Paris, 1992 (16 articles parus dans *Pour la science* de 1978 à 1989).

Jean-Jacques Bahain, Dominique Grimaud-Hervé, Frédérik Serre (préparé par), *Histoire d'Ancêtres, la Grande aventure de la Préhistoire*. Musées/Homme, n° 3, 1993.

Yves Coppens, *Evolution de l'homme. La vie des Sciences*, Comptes-rendus de l'Académie des sciences, série générale, 3, pp. 227-243, Paris, 1986.

Yves Coppens, *Le Singe, l'Afrique et l'Homme*, Paris, Fayard, 1983.

E. Delson, *Ancestors : The hard Evidence*, New York, Alan R. Liss, 1985.

Fiorenzo Facchini, *L'Homme, ses origines*. Bibliothèque du Père Castor, Flammarion, Paris, 1990.

Jean Guilaine, *La Préhistoire d'un continent à l'autre*, Paris, Larousse, 1989.

Richard Leaky et Roger Lewin, *Les Origines de l'Homme*, Arthaud, Paris, 1979.

H. de Lumley et J. Guilaine (sous la direction de), *La Préhistoire française. I. Les civilisations paléolithiques et mésolithiques. II. Les civilisations néolithiques et protohistoriques*, éditions du Cnrs, Paris 1976 (3 tomes).

J.-C. Miskovsky (sous la direction de), *Géologie de la Préhistoire : méthodes, techniques, applications*, Association pour l'étude de l'environnement, université Paris-VI, 1986.

Ian Tattersall, Eric Delson et John Van Couvering, *Encyclopædia of Human – Evolution and Prehistory*, Garland Publishing, New York, Londres, 1988.

Phillip V. Tobias, *La Paléoanthropologie*, Bibliothèque d'Orientation, Editions Mentha, 1992.

E. Trinkaus , *The Emergence of Modern Humans Biocultural Adaptations in the Later Pleistocene*, New York Cambridge University Press, 1990.

Histoire et idées

Catalogue de l'exposition «Peintres d'un monde disparu», *La préhistoire vue par des artistes de la fin du XIXe siècle à nos jours*, musée départemental de Préhistoire de Solutré, 1990.

Cohen C., Hublin J.-J., *Boucher de Perthes, Les Origines romantiques de la Préhistoire*, Coll. «Un savant, une époque», Belin, Paris, 1989.

Yves Coppens, *Pré-ambules*, Editions Odile Jacob, Paris, 1988.

Gordon Golding, *Le Procès du Singe. La Bible contre Darwin,* Editions Complexe, Bruxelles, 1982.

A. Laming-Emperair , *Origines de l'archéologie préhistorique en France*, Editions A. et J. Picard et Cie, Paris, 1964.

Pierre Pelot, Tamino Liberatore et Yves Coppens, *Le Rêve de Lucy,* Le Seuil, La Dérivée, Paris, 1990.

Stoczkowski Wiktor, *Anthropologie naïve, Anthropologie savante. De l'origine de l'Homme*, Editions du Cnrs, Paris, 1994.

Les débuts de l'aventure humaine

Catalogue de l'exposition «Les Premiers Habitants de l'Europe», 1 500 000 - 100 000 ans, Museum national d'Histoire naturelle, Paris, 1982.

Les Premiers Hommes, coll. «Les Yeux de la Découverte», Paris, Gallimard, 1989.

Yves Coppens (sous la direction de), «Les Australopithèques», *Bulletins et mémoires de la Société d'Anthropologie de Paris*, numéro spécial, Paris, 1983.

Yves Coppens et Brigitte Senut (sous la direction de), «Origine(s) de la bipédie chez les hominidés», *Cahiers de paléoanthropologie*, Editions du Cnrs, Paris, 1991.

John Eccles, *Evolution du cerveau et création de la conscience*, Fayard, Paris, 1992.

Jan Jelinek, *Sociétés de chasseurs. Ces hommes qui vivent de la nature sauvage*, Gründ, Paris, 1989.

D. Johanson, M. Edey, *Lucy. Une jeune femme de 3 500 000 ans*, Paris, Robert Laffont, 1983.

C. Perlès, *Préhistoire du feu*, Paris, Masson, 1977.

Germaine Petter, Brigitte Senut , *Histoire de nos ancêtres. Lucy retrouvée*, Paris, Flammarion, 1994.

Hélène Roche, *Premiers outils taillés d'Afrique. Afrique ancienne*, Société d'ethnographie, Paris, 1980.

Brigitte Senut et Herbert Thomas, *Les Premiers Hommes*, Encyclopédie Découvertes Junior, n° 6, Larousse-Gallimard, Paris, 1990.

Bernard Wood, «Origin and Evolution of the

Genus Homo», *Nature*, 355, pp. 783-790, Londres, 1992.
H. Thomas, *Crises climatiques et événements géodynamiques. Leur rôle dans l'évolution des Primates anthropoïdes*, «Bibliothèque d'orientation», Editions Mentha, 1992.

Néandertaliens et premiers hommes
Catalogue de l'exposition «Art et Civilisation des chasseurs de la Préhistoire», 34 000 - 8 000 av. J.-C., Museum national d'Histoire naturelle, Paris, 1984.
Catalogue de l'exposition «De Neandertal à Cro-Magnon», musée de Préhistoire d'Ile-de-France, Nemours, 1988.
Jean-Jacques Hublin, «Le Temps des néandertaliens», *Pour la Science*, 138, pp. 12-13, 1989.
Jean-Jacques Hublin et Anne-Marie Tillier (sous la direction de), *Aux origines d'Homo sapiens*, Nouvelle Encyclopédie Diderot, Paris, P.U.F., 1991.
A. Leroi-Gourhan, *Les Chasseurs de la Préhistoire*, A.-M. Métaillié, Paris, 1983.
A. Leroi-Gourhan, *Les Religions de la Préhistoire*, Paris, P.U.F., 1964.
Jean-Luc Piel-Desruisseaux, *L'Outil de pierre préhistorique*, Masson, 1984.
Mario Ruspoli, *Lascaux,* Paris, Bordas, 1986.
Antony J. Sutcliffe, *On the track of Ice Age manuals*, British Museum (Natural History), London, 1985.

TABLE DES ILLUSTRATIONS

COUVERTURE

OUVERTURE

CHAPITRE I

Angleterre, gravure in *Reliquiae Diluvianae* de William Buckland, 1824. Bibl. nat., Paris.
28h Mâchoire du *pitheci antiqui*, gravure in *Ostéographie ou description iconographique* de De Blainville, 1841.
28b Edouard Lartet, photographie anonyme.
29h *Squelette humain trouvé à la Guadeloupe* d'après Cuvier ou *Squelette d'anthropolitique ou homme fossile* d'après Boitard gravure in *Discours sur les révolutions du Globe* de Cuvier, 1863, Bibl. Nat., Paris.
29b Boucher de Perthes, portrait au fusain, musée Boucher de Perthes, Abbeville.
30h Coupes prises à Saint-Acheul le 13 avril 1860 par E. Collomb.
30d Biface provenant des carrières de Saint-Acheul. Musée national de Préhistoire, Saint-Germain-en-Laye.
31h Séance à l'Académie des Science, gravure anonyme, XIXe siècle. Musée Carnavalet, Paris.
31b La mâchoire de Moulin Quignon, gravure in *De la mâchoire humaine, nouvelles découvertes* de Boucher de Perthes, 1863-1864.
32 Scène de la préhistoire, in *Ideales Landschaftsbild der Diluvialzeit Europas*, lithographie anonyme, fin XIXe siècle.
32-33 Chasse au mammouth, gravure in *L'Homme Primitif* par Louis Figuier, 1873.
33d Portrait de Lyell, photographie,1863.
34-35 *Découverte de l'homme de Piltdown*, peinture de Arthur Cooke, Société géologique, Londres.
35 Reconstitution de l'homme de Piltdown, moulage.

CHAPITRE II

36 Les différentes races humaines, gravure allemande anonyme, Stuttgart, 1880.
37 *The travelled monkey*, peinture de Sir Edwin Landseer, XIXe siècle, Guildhall Art Gallery, corporation of London.
38 Ecriture hiéroglyphe, tombeau de Séthi 1er, Vallée des Rois, Thèbes.
38-39 Miniature in *Codex Sophilogium,* fin XVIe siècle, Archives de Torre de Tombo, Lisbonne.
39 Colonisation de l'espace, dessin.
40 Echelle des différentes couleur des yeux humains. Photo. Laboratoire de préhistoire, musée de l'Homme, Paris.
40-41 « Esquisse hypothétique de l'origine monophylétique et de la distribution des douze espèces d'hommes sur la terre à partir de la souche lémurienne », carte de Ernst Haeckel in *Histoire de la création des êtres organisés*, Paris, 1884. Bibl. nat., Paris.
41 Les différentes couleurs de la peau humaine, échelle de von Luschan
42h Mesure d'un crâne, figure in *Crania americana* de Samuel George Morton, 1839.
42b Couverture du journal *Le Film complet du dimanche*, 1925.
43 Quartier général de la ligue anti-évolutionniste à Dayton, photo parue dans le *Litterary Digest*, New York, 1925.
44 Tête d'un homme de Neandertal reconstitué par H. Schaaffhausen, 1888.
44-45 Crâne de l'homme de Neandertal, Musée régional du Rhin, Bonn.
45 Reconstitution de l'homme de Neandertal, dessin d'Alain Fournier, fin XIXe siècle.
46h Crânes de Neandertal.
46b La tranchée où M. Peyrony vit apparaître un os du squelette, La Ferrassie, photo in *l'Illustration,* 27 novembre1909
47h Crâne de Cro-Magnon, in *Reliquiae Aquitanicae* par Edouard Lartet & Christy, 1876. Bibl. nat., Paris.
47b Abri de Cro-Magnon, coupe ancienne de gisement, fonds Edouard Lartet et Henry Christy.
48 Gravure in *La Création de l'Homme* par Henri du Cleuziou, 1887.Musée des Antiquités nationales, Saint-Germain-en-Laye.
48h Coupe de la vallée de la Vézère et de la grotte de Cro-Magnon in *Reliquiae Aquitanicae* par Edouard Lartet et Henry Christy, 1876. Bibl. nat., Paris.
49h Crâne de Cro-Magnon, gravure in *Les crânes des races humaines* par Quatrefarges et Hamy, 1882.
49bg Reconstitution d'un homme de Cro-Magnon, dessin d'Alain Fournier.
49bd La Vézère aux pieds du château des Eyzies, peinture par Lapoque, fin XIXe siècle. Musée du Périgord, Périgueux.
50-51 Squelettes de gibbon, orang-outan, chimpanzé, gorille et homme, dessins in *Evidence as to man's place in nature,* Thomas Huxley, 1863.
51h Ernst Haeckel, photographie en 1914.
51m Evolution de l'embryon, gravure in *Anthropogénie où Histoire de l'évolution humaine*, par Ernst Haeckel, 1877.
52 Eugène Dubois, et le crâne du *Pithecanthopus erectus* découvert à Java, photographies.
52-53 Site ou fut découvert le *Pithecanthropus erectus*, photographie.
53 *Paysage à Java*,

CHAPITRE III

CHAPITRE IV

CHAPITRE V

CHAPITRE VI

TÉMOIGNAGES ET DOCUMENTS

INDEX

A

B

C

D

E

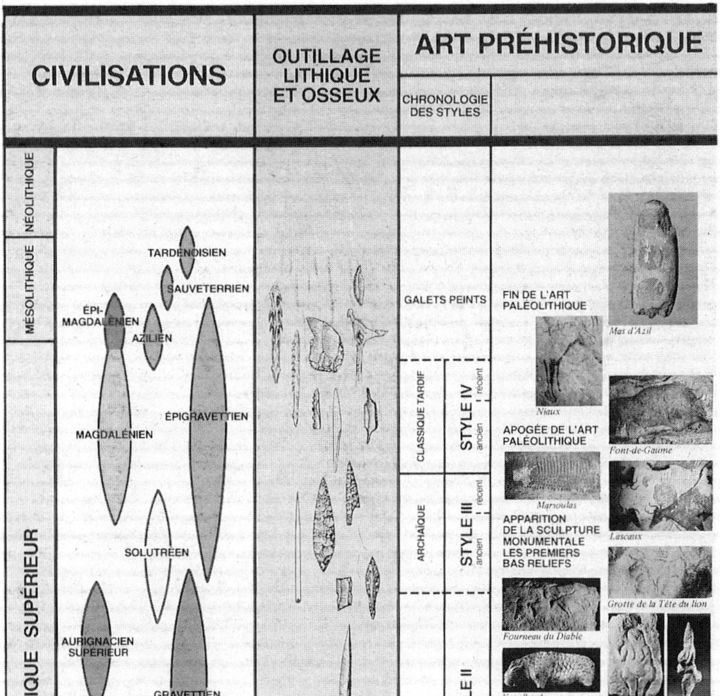

Tableau des différentes civilisations du paléolithique.

CRÉDITS PHOTOGRAPHIQUES

Académie des Sciences, Pékin 87. A.F.P, Paris 85. Musée Anthropos, Brno 86, 106, 114. Archiv für Kunst und Geschichte, Berlin 32. Archives Gallimard 14, 18, 32-33, 33d, 41, 46b, 78 (4), 117b. Bibliothèque M.N.H.N., Paris 26h, 42h. Bibl. nat., Paris 2e plat de couv., 17, 20-21, 23g, 24, 27h, 27b, 28h, 29h, 31b, 40-41, 47h, 48, 48h, 49h, 50-51, 51m, 129. Bridgeman, Londres 34-35, 37. Bulloz, Paris/Musée Carnavalet 31h. Mario Caselli, Florence dos de couv., 1, 13, 75h, 90-91, 112-113. Charmet, Paris 19, 20, 21, 30h, 36, 43, 130, 131, 132, 133. C.N.R.S 83h, 83b. C.N.R.S-S.M.C 58d. C.N.R.S-L.M.C 59h. Cosmos, Paris 110. Cosmos, Paris/J. Reader/ S.P.L 35, 46h, 52, 100-101. Cosmos, Paris/S.P.L 56, 59b, 65, 66-67, 72g, 84g, 85g, 92b. Cosmos, Paris/E. Ferobelli 58g. Cosmos, Paris/L. Pesek/S.P.L 62-63. Cosmos, Paris/Earth Satellite Corporation/S.P.L 127. Dagli Orti, Paris 15, 23d, 38, 38-39, 44-45. DITE, Paris 82. D.R. 44, 142, 158. Edimedia, Paris 104. Explorer, Paris/ S. Cordier 64-65, Fiore 71d, A. Bertrand 72h, Lorne 112. Frisano, Paris 72-73. John Gurche 1er plat de couv. Claus Hausman, Munich 109h. Institut de Paléontologie, Paris/Serette 61b. Institut of Human origins, Berkeley/ Nancy Kahn 140 Jacana, Vanves/J. M Labat 57. David Keith Jones, Lichfield 71d, 88. Hubert Josse, Paris 22ht, 106-107. Kharbine Tapabor, Paris 42b. Keystone, Paris 126. Lauros-Giraudon, Vanves 18-19. Marie-Jeanne Koffmann, 134 135 137. Collection Pr. Henry de Lumley, Laboratoire de préhistoire, institut de paléontologie humaine, Paris 79 (7, 8), 88-89, 90, 94-95. Magnum, Paris/René Burri, 138. Magnum, Paris/E. Lessing 93h, 115. City of Manchester Art Galleries 16h. D. Moignot, Paris 74-75, 92h. Musée Boucher de Perthes, Abbeville 29b. Musée de l'Homme, Paris 28b, 52-53, 70d, 80 (12), 81 (15), 94h, 94b, 117h, 117d, 121, 122-123, 149, 151. D. Destable 40, 108bd, M. Delaplanche 45, 49bg, J. Oster 76h, 80 (9, 10), 89, 105, 108g, 109bg, 109bd, 111d, 124-125, D. Ponsard 80 (11). Museum National d'Histoire Naturelle Paris/D. Serette 22b, B. Fayes 25h. N.A.S.A 39. National Geographic Society, Washington 78 (1,2), David Brill 64b, 70g, Joseph J. Scherschel 69, Melville Bell Grosvenor 77, Robert F. Sisson 96-97, 97, David S. Boyer 98, Des Bartlett 99h, 99b. Natural History Museum, Londres 55b. Natuurhistorisch Museum, Leiden 55h. Novosti, Paris 118b, Oronoz, Madrid 16b. Musée du Périgord, Périgueux 49bd. Réunions de Musées Nationaux, Paris 30d, 116, 119h, 120h. Rijksmuseum voor Volkenkunde, Leiden 53. H. Roche, laboratoire de paléontologie 76b. Roger Viollet, Paris 54d. Société historique et archéologique du Périgord 47b. Fondation Teilhard de Chardin, Paris 93b. Herbert Thomas, Paris 78 (3), 79 (5), 81 (18), 84d, 102h, 102b, 103h, 103m, 103b. Gilles Tosello, Paris 2-3, 4-5, 6-7, 8-9, 10-11, 68. Ullstein, Berlin 51h. B. Vandermeersch, Bordeaux 111g. N. K Vereshachgin 118h. J. Vertut, Issy-les-Moulineaux 79 (6), 81 (13,14, 16,17), 108hd, 109bm, 119b, 120b. J. Vigne, Genneviliers 54h, 61h. The Dean and Chapter of Westminster 26b.

ÉDITION ET FABRICATION

DÉCOUVERTES GALLIMARD
DIRECTION : Pierre Marchand et Elisabeth de Farcy.
GRAPHISME : Alain Gouessant. FABRICATION : Violaine Grare. PROMOTION : Valérie Tolstoï.
L'HOMME AVANT L'HOMME
EDITION : Jeanne Hély. MAQUETTE : Catherine Le Troquier (corpus) et Dominique Guillaumin (Témoignages et Documents). ICONOGRAPHIE : Maud Fischer-Osostowicz, Jeanne Hély MISE EN COULEUR : Laure Massin. INDEX : Ariane Chottin. LECTURE-CORRECTION : Pierre Granet et Catherine Lévine. PHOTOGRAVURE : Martial production MONTAGE PAO : Ductus et D. Guillaumin.

Table des matières